U0390408
TURING
图灵教育
站在巨人的肩上
Standing on the Shoulders of Giants

TURING
图灵教育
站在巨人的肩上
Standing on the Shoulders of Giants

TURING 图灵程序设计丛书

JavaScript悟道

[美] 道格拉斯·克罗克福德（Douglas Crockford）著

死月 译

人民邮电出版社

北京

图书在版编目（CIP）数据

JavaScript悟道 / (美) 道格拉斯·克罗克福德
(Douglas Crockford) 著 ; 死月译. -- 北京 : 人民邮
电出版社, 2021.6
（图灵程序设计丛书）
ISBN 978-7-115-56518-1

Ⅰ. ①J… Ⅱ. ①道… ②死… Ⅲ. ①JAVA语言—程序
设计 Ⅳ. ①TP312.8

中国版本图书馆CIP数据核字(2021)第084744号

内容提要

本书结合当前 JavaScript 语言现状，深入剖析了 JavaScript 语言的运行原理、应该如何演进、怎样才能将其发挥至极致。这些深邃、极具前瞻性的论述不仅适用于 JavaScript，也适合其他语言。学习、理解、实践大师的思想，能让开发者站在巨人的肩上，看得更全面。

本书适合 Web 开发人员以及所有对 JavaScript 感兴趣的程序员阅读。

◆ 著　　[美] 道格拉斯·克罗克福德（Douglas Crockford）
译　　死　月
责任编辑　杨　琳
责任印制　周昇亮

◆ 人民邮电出版社出版发行　　北京市丰台区成寿寺路11号
邮编　100164　　电子邮件　315@ptpress.com.cn
网址　https://www.ptpress.com.cn
北京鑫正大印刷有限公司印刷

◆ 开本：800×1000　1/16
印张：19.75
字数：467千字　　2021年6月第1版
印数：1－2 500册　　2021年6月北京第1次印刷

著作权合同登记号　图字：01-2019-4442号

定价：99.80元

读者服务热线：(010)84084456　印装质量热线：(010)81055316

反盗版热线：(010)81055315

广告经营许可证：京东市监广登字 20170147 号

中文版赞誉

“在 JavaScript 社区中，‘老道’在某种程度上可能比 JavaScript 之父 Brendan Eich 更有名。从二十年前著名的‘JavaScript：世界上最被误解的编程语言’系列文章、到十年前人手一本的蝴蝶书《JavaScript 语言精粹》、再到今天这本新书，虽然时代变迁、技术发展，‘老道’自己的一些具体观点也发生了戏剧性的变化，但其思路其实一脉相承。毋庸讳言，有不少人觉得他偏激固执，还有‘JSON 许可证’这样难言是失败的冷笑话还是纯粹的行为艺术。我自己在很多问题上的观点也和‘老道’大相径庭。讽刺的是，经过两年的 TC39 历练，我发现在很多大原则上我们其实是一致的，只不过落到具体技术问题上，却可能会推导出截然不同的结论。这可能体现了委员会语言的不治之症——每个参与者都保持着良好的愿望，结果却可能南辕北辙。所以，‘老道’在新书第 0 章里对标准委员会的刻薄评价也让我心有戚戚。无论如何，作为 ES4 失败和 ES5 上位的那段隐秘历史中的关键人物，他的任何关于 JavaScript 的见解都是不容忽视的。这也是我推荐这本书的原因。”

——贺师俊（Hax），TC39 委员会代表

“十二年前，我和小马一起翻译了一本名为 *JavaScript: The Good Parts* 的小册子，其作者‘老道’被 JavaScript 发明人 Brendan Eich 称为‘lambda 编程和 JavaScript 的精神领袖’（Yoda of lambda programming and JavaScript）。在书中，‘老道’剥开了 JavaScript 糟糕的外衣，抽离出一个更具可靠性、可读性和可维护性的 JavaScript 子集，让我们看到了这门语言的优雅和美丽。今天，‘老道’新作 *How JavaScript Works* 的中文版面世，让我们看到一本深度理解 JavaScript 如何运作，以及解读如何更好地思考和使用 JavaScript 的大作。这本书同样不厚，值得每个和 JavaScript 打交道的同学反复阅读、思考、实践。

“‘老道’的这两本书像一个轮回，给我的感觉是从 WHAT 到 HOW。在阅读中，能感受到他面对杂乱、丰富、野蛮生长的 JavaScript 世界，敢于取舍当下，编写工具（JSON、JSLint、JSMin、ADSafe 等）和著作来拥抱 JavaScript 最本质的部分；勇于建设未来，通过 JavaScript 精华去探讨新一代编程范式（全局分布式、安全和事件化编程）。这种处世之道会溢出 JavaScript 的世界，成

为更多人宝贵的收获。很幸运我遇到了它，再次推荐给大家。”

——鄢学鹍（三七），《JavaScript 语言精粹》译者、银泰商业 CTO

“很欣喜有人翻译这本书。书中充满好奇心，以及随处可见的钻研精神。阅读这本书，不仅能懂得 JavaScript 是如何工作的，还能看见真实的‘大神’道格拉斯是如何钻研问题、如何看待世界的。死月的翻译相当有趣而到位，一些细节上的坚持不仅让人会心一笑，还凸显了一种认真可爱的专业态度。好书、好作者、好翻译，强烈推荐给程序员朋友们。”

——玉伯，支付宝体验技术部负责人

“老爷子的风格很神奇，特立独行。你很难想象这是一位宗师级大师的作品，内容看起来零散，但都命中要点，像吐槽又鞭辟入里，在理解原理的基础上有很多不一样的思考。看这本书不能盲从，要带着思辨的精神阅读。理解大师的趣味是很好的学习方式，就从这本书开始吧。”

——桑世龙（i5ting、狼叔），Node.js 技术布道者，《狼书：更了不起的 Node.js》作者

“这是一本有益的书：它专注于 JavaScript 语言本身，最大限度地排除外物的干扰，让你充分了解这门语言的一切美好和糟糕之处。这也是一本有趣的书：作者不吝于表达自己的观点，却又恰到好处地不让你因为某些观点而对 JavaScript 产生曲解或厌烦。诚然，这不是一本为新手所写的书，但是如果你日常在鼓捣 JavaScript 代码，那么这就是一本为你准备的、既能打发时间又能引起共鸣（认同或反对）的好书。”

——月影，字节跳动技术中台前端负责人

“JavaScript 从 1995 年面世以来高速发展，市面上的很多相关图书比较刻板地介绍了 JavaScript 语言本身的一些特性。而道格拉斯作为整个 JavaScript 发展历史的见证者之一，在这本书里介绍了 JavaScript 的大量奇闻轶事。原著在写作的时候有很强的个人风格，而译者在翻译的时候也加上了自己的很多特色，让这本书更加有趣。无论是初学者还是专家，都可以将其当作‘小说’来阅读。”

——李玉北，字节跳动前端基础工程团队负责人

“这本书聚焦于 JavaScript 的运行原理，将 JavaScript 语言最晦涩难懂的尾调用和纯度等特性讲得非常透彻。即使我与这门语言一路走来、相伴多年，读完这本书仍有新的收获和惊喜。作者‘道爷’为这本书奠定了浓厚的技术底色，顺畅的中文翻译更为其增添了亮色。这已经是死月同学翻译的第二本 JavaScript 著作，他的技术功力也愈发醇厚。向 JavaScript 的粉丝们推荐这本书！”

——李启雷博士，趣链科技 CTO、浙江大学软件学院副研究员

“这本书文字诙谐幽默，突破了一般技术类图书的风格，读起来轻松愉悦。”

——王震老师，缙云县教研室信息技术教研员、缙云中学前信息学奥林匹克竞赛教练

中文版序

我和 JavaScript 的缘分

大学毕业以后，我先做了几年.NET 开发，但由于国内.NET 整体生存状态不佳，我开始寻求转型，并在 2011 年幸运地拿到了华为 C++程序员的 offer。但是让我没想到的是，入职后，我连一句 C++代码都还没来得及写，就被分配去开发 IPTV 机顶盒上的 Web 应用程序。这也是我第一次和 JavaScript 这门语言亲密接触。

更让我没想到的是，这次"意外"影响了我的整个职业生涯，我从此迷上了 JavaScript 这门语言。不夸张地说，我在程序员生涯中第一次有了开窍的感觉，以至于在 TypeScript 如日中天的今天，我仍然偏爱写 JavaScript。

我和死月的缘分

我是通过 GitHub 认识死月的。当时我们分别开发了 RocketMQ 的一个客户端，我是用纯 JavaScript 实现的，而死月是通过 Node.js C++ Addon 封装的官方客户端。我们为此有过简单的交流。不久后，死月加入蚂蚁集团体验技术部，成了我的同事。我们一起在 Node.js 基础技术领域奋斗了两年，随后又一起开发过 Cloud IDE 这个产品。总体来说，我们是有革命感情的。

我看这本书

说实话，我很久没有关注过编程语言类的图书了，要不是死月请我作序，我可能也不会看这本书。但是，翻阅完这本书之后，我还是觉得收获良多。

首先，和其他编程图书不一样的是，作者并没有死板地教你语法、技巧，而是用多年的经验告诉你 JavaScript 为什么被设计成这样。

- JavaScript 的数值类型为什么只有 `number` 一种，而不是像其他语言一样区分 `int`、`long`、`float` 和 `double` 等？
- 在 JavaScript 里，为什么 `0.1 + 0.2 !== 0.3`？
- 为什么变量名中间不能有空格？
- 数组的下标为什么从 0 开始，而不是从 1 开始？
- ……

其次，作者告诉你虽然 JavaScript 并不完美，甚至有很多让人抓狂的地方，但是通过避其糟粕，我们可以写出更好的代码。

- 如何让 `Array.prototype.sort` 返回稳定的排序结果？
- 如何安全地使用模板字符串？
- 如何避免 `NaN` 导致的逻辑判断错误？
- ……

同时，你可以把这本书当成一本工具书，里面有不少实用的代码，可以直接用在日常开发中。

- 如何解决 JavaScript 里高精度整数和浮点数的运算问题？
- 如何实现一个异步的控制流？
- 如何设计一个数据交换格式？（JSON 的起源）
- ……

最后，不得不提一下死月的翻译。虽然我不清楚他是否准确还原了道格拉斯老爷子的犀利文风，但中文版里的很多用词、小细节甚至脚注都可以体现死月的用心。所以，我把这本书推荐给你，希望它能对你有所帮助！

宗羽（高晓晨、gxcsoccer）
阿里巴巴高级前端专家
2021 年 5 月 19 日

译 者 序

少小摘得即为通，
而立手作毋自明。
夏虫度伏难度九，
阡陌知雨不知春。
道爷虽道是语精，
听者但听须首灵。
泱泱巧匠阅此序，
清者自清迷者迷。

这是我的编程之路启蒙读物。

我从 2002 年开始接触 JavaScript。那个时候我尚在读小学，接触的途径是流传在商店里的各种名为《网页特效大宝库》之类的光盘。当时，我只会在 FrontPage 中写 HTML，并不懂 JavaScript，代码都是从“大宝库”中复制粘贴的。从此，这些炫酷的鼠标跟随特效、下雪特效就在我心中种下了一颗不知名的种子。

之后 5 年，我在捣鼓 ASP。这段时间里的 JavaScript 也还在“缝缝补补”。我真正开始使用 JavaScript 写代码是在 2007 年，在 jQuery 发布一段时间之后。也正是因为 jQuery，我至今对于原生的 Web API 并不那么熟悉，接触并知道 ECMAScript 规范也是在 2013 年前后，所以说我是一个“野路子 JavaScripter”一点儿也不错。

JavaScript 从 1995 年面世以来持续高速发展，尤其在近几年爆炸式地发展。道格拉斯在 2008 年写了第 1 版的《JavaScript 语言精粹》，经过赵泽欣（小马）和鄢学鹍（三七）前辈们的翻译，几乎成了现如今 JavaScript 从业者的必读书之一。

作为一个后端工程师，我很高兴 Node.js 的出现让 JavaScript 的发展之路与我有了交集。JavaScript 以它独特的魅力成了一门随处可见的语言，甚至早在 2008 年就有工程师杰夫·阿特伍德提出了阿特伍德定律：

> 任何可以使用 JavaScript 来编写的应用，最终都会由 JavaScript 编写。

虽然可以把阿特伍德定律看成一段调侃，但它也体现了 JavaScript 的便捷、易用与流行。

诚然，JavaScript 并不完美，《JavaScript 语言精粹》的厚度也远不及《JavaScript 高级程序设计》的厚度，但这些问题仍无法阻止 JavaScript 成为现如今的热门语言之一。道格拉斯深知这一点，所以他痛恨并深爱着 JavaScript 这门语言，用渊博的知识与幽默的文笔“骂骂咧咧”地写完了本书。

刚接到本书的翻译工作时，我是惴惴不安的，生怕翻译不出它的神韵。好在最后我还是勉强完成了，虽不完美，但尽了我最大的努力去保持本书的原汁原味。而且在翻译的过程中，我得到了很多提升，也知道了挺多奇闻轶事。例如，JSON 是在奇普·莫宁斯达家后方的一间棚子中被发现的；又如，爱迪生发明的留声机原型在唱针每转一圈时就会发出一声怪音；再如，曼哈顿大街上的洛克希剧院最开始是以接待员统一的裤子为噱头的；还有，最初的罗马历一年只有 10 个月，剩下的日子全叫“冬季”。

道格拉斯自身也非常有特色，对于认定的理儿非常执着，特立独行。他坚持认为 one 应该按照发音写作 wun，并且在整本书中都是这样做的。受其感染，我也尽可能地为一些单词想出了特立独行的翻译，即使它们可能已经有约定俗成的中文翻译了。例如，我会将 truthy 翻译为“幻真”，

falsy 翻译成“幻假”，是不是很梦幻呢?

除了奇闻轶事、特立独行，书中还有挺多值得品味的 JavaScript 干货和吐槽。道格拉斯帮我们复习了 JavaScript 中数值的一些原理（IEEE 754），并引申出了高精度数值的思想；介绍了各种 JavaScript 类型背后的思想，如几种基本类型、对象、函数等；还讲了 JSON 等背后的小故事。道格拉斯写本书的用心不止于此，他还介绍了 JavaScript 语言层面之外的一些内容，涉及计算机科学和软件工程中的各个领域，如测试、优化和编程语言等。最后，他还不忘再次回归点题，调侃 JavaScript 一番。

至于吐槽，的确充满了道格拉斯的个人主观色彩。如果对于一些观点有强烈认同感，大家一定会产生共鸣；而如果一些观点与你的不一致，大可一笑置之。甚至在本书翻译的时候，贺师俊（Hax）前辈还开玩笑地说：

> 孔子作春秋，大义微言，所以需要注释来阐发。道格拉斯过于言简意赅，以至于大家不清楚他到底站在哪边。你尽量不要加注，保持原汁原味，然后单独出个评注版。你自己、我，然后再找一个人，可以凑成三家注了。

如果真的可以，我其实很乐意做这么一件事，颇有“易中天品三国”的味道。

总之，本书非常有意思，我自己在翻译的时候就有这种感觉。更多的信息还是等大家自己来发现吧，相信你们不会失望的。

最后，我非常感谢 JavaScript 这门神奇的语言，感谢 Node.js 这个运行时让我有机会深入接触 JavaScript。感谢给本书中文版写推荐语的同行们，感谢在计算机之路上给我启蒙的王震老师。感谢我的妻子，她的支持是对我最大的鼓励，如果不是她，本书的问世也许会更晚。感谢我的父母在我的背后默默支持我的事业。从我小时候起，他们就一直支持我的梦想，这才让我能在编程领域一路走下来。最后，感谢图灵公司的岳新欣女士约我翻译本书，感谢本书的编辑谢婷婷和杨琳在翻译中的帮助。

死月

2021 年 2 月于杭州

与道格拉斯隔空对话

编者注：本书作者道格拉斯·克罗克福德可谓 JavaScript 社区的传奇人物。在本书中文版出版前夕，编辑联系到道格拉斯，希望他能为中国的 JavaScript 用户指点迷津。道格拉斯欣然同意了。随后，我们发起了问题征集活动，并在短短几天内收到数百份提问。以下精选 10 位提问者的问题，以及道格拉斯的独到见解。

轩灵@宋晨问：在 ES6 之后，JavaScript 有了哪些新的糟粕？

道格拉斯答：稳定性是一门编程语言最重要的品质。诚然，敏捷方法有诸多益处，却也暗留陷阱。事无完事，亦无绝对的稳定。我们自然希望所有的迭代都是向下兼容的，但实际情况往往不尽如人意。我的应对之道是找到一个稳定、恰可正常运行的语言子集，同时鼓励人们开发一门新的编程语言。我们无法渐进式地修复已存在于当下语言中的那些糟糕的设计错误，所以唯有新的语言才能引领我们向前。

刘子靖问：您如何看待 TypeScript？在项目开发中，该如何在 JavaScript 和 TypeScript 之间做更好的选择？

道格拉斯答：TypeScript 并不能解决我的问题，所以我还是使用普通的 JavaScript。

于傲日问：作为一门语言，JavaScript 的核心竞争力是什么？

道格拉斯答：JavaScript 有两个优势。首先，它是目前唯一可以运行在大多数 Web 浏览器中的语言。Java applets 曾经也可以运行在浏览器中，然而最终惨淡离场。更重要的是，JavaScript 是一门实用的函数式语言。将“轻量级动态对象”与“函数是一等公民”两者结合的设计简直绝了！

pcamateur 问：您如何看待 JavaScript 在非前端领域的发展？

道格拉斯答：JavaScript 已然流行于服务器端领域，桌面应用亦是如此。此外，它的一个安全子集也被用于金融领域。JavaScript 被转换为一门安全语言的难度远比其他大多数语言小。我个人期待安全 ECMAScript（Secure ECMAScript）有一天可以取代 JavaScript。

royalpioneer 问：在即将来临的 5G 时代，浏览器会没落吗？JavaScript 又将扮演什么角色？
道格拉斯答：我对应用程序商店的模式有两点不满。第一，应用程序可以用非安全语言开发，这为运营商的安全审查增加了负担。无论是非安全应用程序被通过审核，还是良性应用程序被拒绝通过，都是有可能的。第二，只有少数大型公司才有能力运营应用程序商店，这就意味着那些对运营商没有明显好处的应用程序很难被发行。我希望的模式是允许任何人开发软件，也可以将其提供给任何想使用该软件的人，同时不影响用户的安全性，也不用向运营商付钱。Web 就是这样的模式。但不幸的是，Web 本身已经被少数大型公司所占领。我希望 Web 可以被一个更好、更开放、更安全的应用交付体系取代，但现在似乎还看不到希望。

李松峰问：要掌握 JavaScript 的运行原理，除了阅读您的这本著作，通读并研究 ECMAScript 规范本身是否也是个好办法？
道格拉斯答：我的确是从 ECMAScript 规范中学习 JavaScript 的。但需要提醒一点，ECMAScript 规范的初衷并不是给普通开发者看的，而是给语言引擎实现方看的。虽说规范的质量在 ES5 中有显著提升，但通读起来仍然不易。说到底，要靠熟能生巧。

临渊羡余 · 修问：JavaScript 学到什么程度算是精通？
道格拉斯答：我会在我“精通”JavaScript 之日告诉你。但就目前来看，我仍然需要频繁查阅文档。通常情况下，我翻阅的是 MDN，但偶尔也会复习自己写的书。

穆木问：工作多年，我总觉得做了许多重复性工作。您认为前端工程师应该如何平衡工作与学习？
道格拉斯答：这是个好问题。我建议你写一些真正属于自己的程序。如果它们看起来不错，就考虑将其开源。作为一个面试官，我喜欢看看应聘者的开源项目。我可以从中了解他们的编码质量及所选择解决的问题。

灰熊问：怎样才能具备创造一门热门语言的能力？
道格拉斯答：我很想给你一些关于目标和所需技能的建议，但老实说，这主要看运气。有很多优秀的语言明珠暗投，也有很多平庸的语言熠熠生辉。

老梗问：您信仰阿特伍德定律吗？也就是，“任何可以用 JavaScript 来写的应用，都终将用 JavaScript 来写”。如果让您重新设计一遍 JavaScript，您会在设计之初避免什么问题呢？
道格拉斯答：与其说它是个定律，倒不如说是个妙梗。我在本书中花了整整五章来勾勒出 Neo 语言的模样。可以说，它纠正了 JavaScript 的所有先天缺陷。

章名列表

雨落玫瑰，须出猫频。

——不是 Maria Augusta von Trapp

```
[
    {"编号":  0, "章": "导读"},
    {"编号":  1, "章": "命名"},
    {"编号":  2, "章": "数值"},
    {"编号":  3, "章": "高精度整数"},
    {"编号":  4, "章": "高精度浮点数"},
    {"编号":  5, "章": "高精度有理数"},
    {"编号":  6, "章": "布尔类型"},
    {"编号":  7, "章": "数组"},
    {"编号":  8, "章": "对象"},
    {"编号":  9, "章": "字符串"},
    {"编号": 10, "章": "底型"},
    {"编号": 11, "章": "语句"},
    {"编号": 12, "章": "函数"},
    {"编号": 13, "章": "生成器"},
    {"编号": 14, "章": "异常"},
    {"编号": 15, "章": "程序"},
    {"编号": 16, "章": "this"},
    {"编号": 17, "章": "非类实例对象"},
    {"编号": 18, "章": "尾调用"},
    {"编号": 19, "章": "纯度"},
    {"编号": 20, "章": "事件化编程"},
    {"编号": 21, "章": "日期"},
    {"编号": 22, "章": "JSON"},
    {"编号": 23, "章": "测试"},
    {"编号": 24, "章": "优化"},
    {"编号": 25, "章": "转译"},
    {"编号": 26, "章": "分词"},
    {"编号": 27, "章": "解析"},
    {"编号": 28, "章": "代码生成"},
    {"编号": 29, "章": "运行时"},
    {"编号": 30, "章": "嚯！"},
    {"编号": 31, "章": "结语"}
]
```

目　　录

第 0 章

导　　读

○○○○○

随机事件之繁复，以及一猿执笔于案前能写何字，凡此种种皆不可控。

——George Marsaglia

JavaScript 并不完美，但是这不妨碍它运行起来。

本书的受众有两类：一是有一定 JavaScript 基础并且想更深刻地理解其内在逻辑和用法的读者，二是有一定编程经验并且想了解一门新语言内在逻辑的读者。

也就是说，其实本书并不适合初学者阅读。期待将来的某一天，我也可以专门为初学者写一本书。但这本不是，毕竟它有一定的深度。如果你仅略读本书，可能收获甚微。

本书不会讲解 JavaScript 引擎或者虚拟机，而会讲解 JavaScript 这门语言本身，以及每一位 JavaScript 开发人员都需要明确的事情。本书可能会让你重新认识 JavaScript，包括它是如何运作的、怎样让它变得更优秀，以及如何更好地使用它。本书还会教你如何正确地看待 JavaScript，以及如何正确地用 JavaScript 进行思考。在本书中，我会依照 ES6 版本来讲解，并不会赘述 ES1、ES3 以及 ES5 等版本的细节。这些内容实际上并不重要，毕竟我们只需要关注当下的 JavaScript 就好了。

本书并不面面俱到，很多内容并未讨论。如果我在书中没有提到你关注的一些特性，那很有可能是因为它们设计得太糟糕了。还有，我不会花很多篇幅探讨语法本身，毕竟大多数人对 JavaScript 的语法多少还是有一些了解的。如果你在语法等内容上需要帮助，可以参考 JSLint 网站上的相关内容。

我会在书中稍微提及 JavaScript 中比较有用的一些部分，例如原型（prototype）上的大多数内置方法。有一些在线精品资料库也列出了这些内容。我个人极力推荐 Mozilla 基金会的资料库。

编程语言的重要设计目标之一就是尽可能使其简洁、优雅、逻辑性强，没有各种奇怪的极端情况。然而事实上，JavaScript 远没有达到这个目标。随着越来越多的特性加入，每一次新版的发布都会使其变得越来越糟糕。现在这门语言充满了各种奇怪的用法和边界情况。本书会稍微提及这些奇怪的用法，以告诉大家其中潜藏着可怕的“怪兽”。我们应当远离这些东西，尽量待在这门语言干净阳光的一面，这里已经有能让你写出好程序所需的一切了，不要让自己堕入无边黑洞。

10 年前，我写过一本关于 JavaScript 的神奇小手册。虽然 JavaScript 表面一团糟，但其内在仍然是美好的。通过避其糟粕，你可以写出出色的 JavaScript 代码。这一点与某些编程专家的观点相悖，他们认为精通一门语言的所有特性才能证明自己造诣高深。对于他们而言，特性就是用于掌握和精通的、不容辩驳，自然也就根本不存在糟糕的特性。这种观点显然是错的，但很遗憾，目前它仍占据着主导地位。

事实上，真正的“精通”应该体现在代码的可读性、可维护性以及是否无错上。如果你做到了这几点，那就真的可以炫耀了。做一个谦逊的程序员吧。吾日三省吾身：自身可乎？工作可乎？可有提升乎？经验之谈，为炫技而过分使用各种特性，只会适得其反。

这是我用来提升自己所写代码的“不传之法”：

> 如果一个特性时而有用，时而是个“坑”，并且有更好的选项，那么我们就应该始终选择那个“更好的选项”。

也就是说，对于一门语言来说，我使用的一直是它能满足我的“最小集”，这样就能避免使用那些可能有“坑”的特性。这个对于我自己而言的“最小集”也并非一成不变，我一直在完善它。本书就记录了我到目前为止对于 JavaScript 的相关思考。我之所以还能写一些 JavaScript 的优点，是因为 JavaScript 确实有不少可取之处。虽然相较于 10 年前，JavaScript 的精粹变少了，但留下来的那些精粹更显闪耀。

近年来，JavaScript 已经成了世界上最重要的编程语言之一。说来惭愧，我应对此负部分责任，在此先给读者道个歉。多个新版 ECMAScript 规范的出台并没能解决 JavaScript 自身深层次的问题，反而创造了更多的问题。实际上，标准委员会修复问题的权力有限，让这门语言野蛮发展的权力反倒大得很，放任其复杂性和怪异性一再增加。要是阻碍了 JavaScript 的发展（哪怕是往糟糕的方向发展），那么他们的乐趣何在？

人们不停地给老化的语言“整容”，拼命地往其中注入各种新的特性来稳住其流行地位，或者至少让其看起来不那么“土”[①]。与“代码膨胀”一样，“特性膨胀”过犹不及。我们更应该去

① 该字古同“土”，由于外形看起来像“土到掉渣”，因此现在有时用于形容老掉牙。——译者注

发现 JavaScript 的内在美，而不是做各种表面功夫。

我推荐你阅读 ECMAScript 规范。它虽然读起来可能有些晦涩，但好在是免费的。

说实话，阅读 ECMAScript 规范在一定意义上改变了我的人生。跟大多数开发人员一样，我在使用 JavaScript 之前并没有去系统地学习它。正因为如此，我当时认为这门语言很烂——各种运行行为令人困惑，就是让人喜欢不起来。直到有一天阅读了 ECMAScript 规范，我才发现 JavaScript 的绝妙之处。

0.1　异类

我有预感，本书会让一些同僚感到不舒服。我是异类，正在挑战一些守旧者的权威。我已经习惯这些了。多年前，我因为发现了 JavaScript 居然有精粹并将其整理成册而饱受挑战和攻击。还有当我刚提出 JSON（它现在已经成了时下最流行的数据交换格式）的时候，也是如此。

社区是有信仰的，哪怕这些信仰存在错误，社区成员也能从中获益。因此，当信仰被人质疑时，社区成员就会觉得受到了威胁。对，我就是这个质疑的人。我对真理的渴求高于对社区利益的看重。恰恰就是这一点会让很多人不高兴。

我其实只是一个普通程序员，只想找到一个最佳实践来写出优美的代码。虽然我的一些想法可能不对，但我也在思考如何纠正这些想法。我们这代程序员有很多思维模式已在 FORTRAN 时代固化，我觉得是时候踏出改变的一步了。不过，即使我处在一个极具创造性的行业中，变革仍然并非易事。

如果你认为自己被我这个异类的话冒犯了，那么我建议你将本书放回书架并远远走开。

0.2　代码

本书的所有随书代码都可以免费获取。你可以将其用于任何目的，但请不要拿它们“作恶”。如果有可能，我希望这些代码能让你做一些“好事”。

强烈建议你不要简单地复制粘贴你并不理解的那些代码。虽然我们经常戏称自己是“复制粘贴工程师”，但这种做法实际上是很不可取的。这虽然比不上看都不看一眼就去安装一款未知软件那么蠢，但也实在算不上一种明智之举。在当前的安全技术水平下，最好的安全过滤器就是你的大脑，请务必善用。

虽然我的代码并不完美，但我认为跟我前几年写的代码相比，它们至少还是有进步的。我个人着重在为这方面的进步而努力，并且希望能活到让我的代码达到完美的那一天。我希望你也能在这方面下功夫。你可以在本书的网站（How JavaScript Works）上查看勘误表（erratums）[①]。在拉丁语中，erratum 的复数形式是 errata，但谁让我用的是现代英语呢？在现代英语中，我们应该通过添加 s 或者 es 来构成复数形式，所以这里我用了 erratums。如果要在保持传统和与时俱进之间选择，我选择与历史的车轮一起前进，以此来使世界更美好。

如果你发现了本书中的错误，请将勘误发送至邮箱 erratum@howjavascriptworks.com。谢谢。

0.3 未来

虽然本书的主题是 JavaScript，但有时候我实际上是在讲另一种可以取代 JavaScript 的语言。我坚信在 JavaScript 之后应该有一门语言脱颖而出。如果 JavaScript 是值得学习的最后一门语言，就真的太可悲了。我们应该为子孙后代找到这样的**下一门语言**。这将是我们留给他们的珍贵宝藏。

我认为未来属于孩子们，也属于机器人。

当下和未来的互联网需要下一代的编程范式，它应当是全局分布式的、安全的和事件化编程的。遗憾的是，当下包括 JavaScript 在内的几乎所有编程语言依旧停留在旧的范式中，即本地化的、不安全的和顺序化编程的。我把 JavaScript 看作一门过渡的语言。在 JavaScript 中使用最佳实践可以很好地为我们未来理解新的编程范式做好准备。

0.4 语法

我认为 1 的英文拼写是错误的，因此在书中用了自认为更正确的拼写——wun。one 这个单词根本不符合任何发音规则，包括各种特殊规则。此外，用一个看着像 0 的字母作为表示 1 的单词的首字母，本身就不合适。

不过，wun 这个单词对于大众来说，看起来有点奇怪。之所以在书中采用这样的拼写，是因为我想通过此事让你明白一个道理：对陌生事物产生的奇怪感觉并不能证明它是错的。

单词拼写已然发生变革。例如，有些小家伙认为把 through 拼写成 thru 会更好，因为他们觉得这个常用单词有一半字母不发音毫无道理，用起来效率低下，也给学生造成了困惑。拼写改革

① 要查看或提交中文版勘误，请访问图灵社区本书页面：ituring.cn/book/2725。——编者注

实际上是一次传统与理性的对抗，有时候理性更容易获胜。编程语言亦如此。如果你也觉得 wun 比 one 更有意义，那么请和我一起努力吧。

一般人在提到像 1 到 10 这类范围的时候，通常将其理解为到 10 为止，而程序员则通常认为 10 是被排除在外的。这是由一些编程习惯造成的，比如在编程中起始编号一般是 0 而不是 1。因此，我用“到”(to)来表示程序员日常认为的“到”，而用“过”(thru)来表示普通人认为的“到”。也就是说，“0 到 3”代表 0、1、2，而“0 过 3”则代表 0、1、2、3。简而言之，“到”的语义为小于（<），而“过”则代表小于等于（≤）。

0.5 示例

我喜欢用正则表达式。然而，正则表达式其实是比较晦涩难懂的。我会在正则表达式中加入一些空白，使其看起来更规整易懂。实际上，JavaScript 并不支持这样规整的写法。因此，你看到的如下代码：

```
const number_pattern = /
    ^
    ( -? \d+ )
    (?: \. ( \d* ) )?
    (?:
        [ e E ]
        ( [ + \- ]? \d+ )
    )?
    $
/;
```

在实际中则应该是这样的：

```
const number_pattern = /^(-?\d+)(?:\.(\d*))?(?:[eE]([+\-]?\d+))?$/;
```

我实在忍不住在上面晦涩的正则表达式中加入了各种缩进和空格，好让读者读起来一目了然。

在很多章节中，我会使用 JavaScript 表达式作为示例。通常，我会以一个不以分号（;）结尾的表达式来进行展示，后跟一句注释（以//开头）来表示其结果。

```
// 示例

3 + 4 === 7
// true
NaN === NaN
// false
typeof NaN
// "number"
```

```
typeof null
// "object"
0.1 + 0.2 === 0.3
// false
3472073 ** 7 + 4627011 ** 7 === 4710868 ** 7
// true
```

上述种种，终焉之前，皆有所释。

第1章

命　　名

○○○○●

汝知吾名。

——约翰·列侬和保罗·麦卡特尼[①]

在 JavaScript 中，你需要给变量、属性以及函数命名。因为 JavaScript 对于变量名的长度没有限制，所以不要吝惜你的起名才华。我希望你在命名的时候尽可能描述清楚被赋名者的含义，而不要使用各种隐晦的缩写。

我的第一位程序设计老师是名数学家，后来我去了一家使用 BASIC 的公司工作。那时候，BASIC 语言的变量名是一个大写字母，后面可以跟一个数字，如 `A1`。因此，我养成了一个坏习惯，即喜欢使用单字母作为变量名。这个坏习惯伴随了我几十年。一些错误思想一旦成为我们的固化思维，就会变得难以改正。我们应当持续学习，以不断完善自我。数学家喜欢使用各种神秘且充满仪式感的简洁符号。然而，计算机科学并不是数学，它是另一门优雅的艺术。编程时，我们应该努力使用顾名思义、一目了然的名称。

让你的命名以字母开头、以字母结尾吧。诚然，JavaScript 的命名能以下划线（`_`）或者美元符号（`$`）开头和结尾，还能以数字结尾[②]，但我认为你不该这么做。JavaScript 允许我们做很多本不该做的事情。这些命名习惯应该留给代码生成器或者宏处理器，而人类应该去做人类该做的事情。

在命名时以下划线开头或结尾通常是为了表示私有属性或者全局私有变量[③]。所以，挂在开

① 约翰·列侬和保罗·麦卡特尼是甲壳虫乐队的成员。“You Know My Name (Look Up the Number)”是甲壳虫乐队的一首歌。——译者注

② 实际上，JavaScript 命名还能以 Unicode 字符开头和结尾。——译者注

③ 因为 JavaScript 没有私有属性，所以通常只能将对应的公有属性名或者全局变量名加上下划线前缀或下划线后缀来从语义上表示其为私有。——译者注

头或结尾的下划线是一个程序员不成熟的表现。

美元符号则通常是被一些代码生成器、转译器和宏处理器加到变量里的，以此来保证生成的变量名不会与人工编写的代码冲突。为了证明你并不是一个机器人，离美元符号远一点儿吧。

以数字结尾的名字通常是程序员因起名而头大的表现。

我通常给**序数**变量（first、second 等）起 thing_nr 之类的名字，给**基数**变量（wun、two 等）起 nr_things 之类的名字。

一个变量名可以由多个单词组成，但变量名中不能存在空格，因此如何组织这些单词就是一个问题。有些人建议使用驼峰命名法，即每个单词的首字母都以大写形式呈现，作为单词之间的分隔界线；有些人则建议使用下划线作为单词的分隔符；还有一种神奇的做法，那就是简单地将所有单词拼起来，忘掉分隔符这回事。业界已经为这些命名法争论了很多年，但目前仍没有达成共识。我觉得这是因为这几种做法都有问题。

最佳实践就应该是在变量名中使用空格。目前已有的大多数编程语言不允许变量名中存在空格，这是因为在 20 世纪 50 年代，编译器是在很小的空间中运行的，若变量名中存在空格就太奢侈了。FORTRAN 首先打破了桎梏，允许在命名时使用空格。然而，后来包括 JavaScript 在内的大多数编程语言没有继承这个优良传统，反而学习了它的一些糟粕。例如，使用等号（=）表示赋值，用圆括号（()）而不是花括号（{}）包裹 if 语句的条件表达式。

我非常期待未来会出现一门编程语言去做一些对的事情，如允许变量名中存在空格以提高代码的可读性。今非昔比，我们现在以吉字节为单位来计量内存容量，编程语言的设计者可以大胆地设计一些东西了。不过在出现这么一门语言之前，我还是推荐你使用下划线分隔变量名中的多个单词。这是因为，万一哪天真有更好的编程语言出现，这种命名法可以让你最便捷地将代码迁移至下一门语言。

JavaScript 中的所有名字都应该以小写字母开头，这一切都拜 JavaScript 中的 new 运算符所赐。如果一个函数名的前面有 new，则代表该函数是一个构造函数，否则它就是一个普通函数。构造函数和普通函数是不一样的，错误地调用构造函数会导致问题。更让人抓狂的是，光从表面上看，构造函数和普通函数并没有什么区别，也就并不存在什么方法可以自动检测出那些“由于错误地加上或者丢失 new 而造成的问题”。因此，我们应该做这样的约定：**所有的构造函数都应该以大写字母开头，而其他任何名字都应该以小写字母开头**。我们以此来给函数划分语义，从而使一些错误更容易被发现。

我其实还有一个诀窍：从不用 new。如此一来，我甚至可以再也不用以大写字母开头去命名函数了。我推荐你也这么做，因为这个世界上每天都有成堆使用 new 的粗鄙代码出现，简直可怕。

保留字

下面是 JavaScript 的保留字列表：

```
arguments await break case catch class const continue debugger default delete do else
enum eval export extends false finally for function if implements import in Infinity
instanceof interface let NaN new null package private protected public return static
super switch this throw true try typeof undefined var void while with yield
```

千万要记住上面的列表，这是基础中的基础。以上任意单词都不能被用作变量名或者参数名。JavaScript 关于保留字的规则非常复杂，上面列表中的一些单词在特殊情况下其实是可以使用的。但我还是那句话：尽量不要尝试各种奇怪的做法，要杜绝将这些单词作为变量名等。

保留字其实是 20 世纪五六十年代计算机内存空间有限的另一个遗留产物，因为保留字的设计可以给编译器节约少许字节。受惠于摩尔定律，我们现在不必再受这些事情的困扰了。可惜这几十年来，人们的思维已经固化。对于现代程序员来说，保留字的设计真的是糟粕。扪心自问，你能否记住所有的保留字？还有一种糟心的情况是，你在起变量名的时候，尽管有个单词可以完美地阐释该变量的意义，但很不巧，它是一个你从来不用的保留字，甚至是一个还没有被实现的预保留字。此外，保留字对于现代编程语言的设计者来说也不是好东西。脆弱的保留字策略会使我们不能干净利落地为一门流行语言添加新特性，给我们添堵。真希望能有一门强硬的新语言出现，让我们不用再为“五斗保留字”折腰。

第 2 章

数　　值

○○○●○

查吾之数[①]！

——约翰 · 列侬和保罗 · 麦卡特尼

计算机是操纵数的机器，而且溯其本质，计算机只能操纵数。还别说，它干这类活儿的确是把好手。人类要做的就只是把其他信息映射为数。人类几乎所有的活动都能借助计算机完成。

JavaScript 中的数都是实数（real number），不过是“假”的实数。很多数学公理可直接应用于 JavaScript 中的数，但又不完全适用。我们必须深入理解其中数值的原理才能写出优秀的 JavaScript 代码。

JavaScript 不像其他语言一样有整型、浮点型等数值类型，而是只有一个总称，叫**数值类型**（`number`）。该实现借用自 **IEEE 754 标准**，一种为英特尔 iAPX-432 处理器设计的标准。该处理器有很多精妙绝伦的设计理念，但由于架构过于复杂，很多目标都未能达成。真可惜，它有那么多精妙的理念，却丢失了一个最基本的设计原则——保持简洁。虽然很多优秀理念已随 432 烟消云散，但它的浮点运算单元流传到了 8086 的数学协处理器（math co-processor）8087 上，现在已成为了奔腾及 AMD64 芯片上的标准。

诚然，JavaScript 只有一种数值类型这件事经常被人们诟病，但我反而认为这是 JavaScript 最成功的设计之一：这个设计让程序员不必浪费时间在几种相似的数据类型之间做选择，毕竟有时候花了时间还会选错；能避免那些由于数据类型之间的转换而造成的错误；甚至还可以避免整数类型的溢出错误。JavaScript 的“整数”可比 Java 的整数可靠多了，因为它们不会溢出。

---

① “You Know My Name (Look Up the Number)” 是甲壳虫乐队的一首歌。number 在歌名中的本意为电话号码，但在此处用来指数、数值。——译者注

```
JavaScript: 2147483647 + 1 // 2147483648——是对的!
Java       : 2147483647 + 1 // -2147483648——溢出，错了!
```

是不是很惊讶？作为一门编程语言，Java 的数值运算系统在算错的时候甚至连 Warning 都不会报。int 类型总出错，还怎么指望通过它来避免错误呢？

浮点数背后的思想很简单——把一个数拆成两部分来存储。第一部分是有效位数（significand），有时候也叫系数（coefficient）、分数（fraction）或者尾数（mantissa）；第二部分则称为指数（exponent），表示小数点应该插在系数的哪个位置。浮点数的实现非常复杂，需要在有限的存储位数中用一种固定的存储格式在数字精度和数字范围之间做权衡。

JavaScript 的浮点数并不是 IEEE 754 标准的完全实现。Java 的浮点数实现用的是 IEEE 754 的一个子集，而 JavaScript 用的则是该子集的子集，所以 JavaScript 的 number 类型与 Java 的 double 类型非常相似，都是 64 位的浮点数类型。一个 number 类型包含 1 位符号位（sign）、11 位指数位以及 53 位有效位数。有些神奇的编码能将 65 位数据装进 64 位内存中。

与其他一些浮点数系统一样，IEEE 754 也是基于二进制运作的。它的第一部分包含两个子部分：符号位和有效位数。符号位在整个 64 位的最高位中，若该位为 1 则说明该数是负数；有效位数则在 64 位的最低几位中，通常表示一个范围内的小数。

```
0.5 <= 有效位数 < 1.0
```

按照这种表示法，有效位数的最高位理论上始终为 1。因此，该位实际上并不需要被存放于 number 当中，于是就多出了能用的 1 位，称作彩蛋位（bonus bit）。

接下来就是它的第二部分：指数。指数存在于符号位与有效位数之间的那些位中。这些位存放好之后，它们代表的值就是：

```
符号位 (正/负) * 有效位数 * (2 ** 指数)
```

这种算法还有另一个优势。指数设计的精妙性使得两个浮点数可以在比较的时候装作自己是 64 位整数，从而直接进行大小比较。这种性能优势非常明显，在 50 年前，这简直是跨时代的性能提升。指数还可以用于表示 NaN、Infinity 以及非规格化浮点数（subnormal，指计算机处理的一类特殊浮点数，如一些特别小的数和 0）。

2.1　零

零是独一无二的。理论上来说，在一个数值系统中只应存在一个零。然而事不遂人愿，在 IEEE 754 标准中有两个零：0 和-0。你知道 JavaScript 为帮你抹平 0 与-0 的不同做了多大努力吗？它让我们几乎可以忽略-0 的存在。不过仍然需要注意以下几种情况：

```
(1 / 0) === (1 / -0)
// false
Object.is(0, -0)
// false
```

我真心建议你不要拿零做除数，也永远不要使用 Object.is()。

2.2 数值字面量

JavaScript 内置了 18 437 736 874 454 810 627 个不可变的 number 对象，每个对象表示一个数。数值字面量本质上是一个对与该字面量真实值最接近的内置 number 对象的引用。有时候，字面量与该值完全吻合，但有时候会相差 9.979 201 547 673 599 058 281 863 565 184 2e+291。

整数的字面量是一个简单的十进制数字序列，也可以是以进制前缀开头的其他进制数字序列。以下是 2018 在各种进制下的字面量。

```
二进制：   0b11111100010
八进制：   0o3742
十进制：   2018.00
十六进制： 0x7E2
```

JavaScript 中的进制前缀大小写皆可，但若在数值字面量中放一个大写的 O，肯定会让人与数字 0 混淆。

十进制的数值字面量可能包含小数点。特别大或特别小的数可以用科学计数法表示，如 6.022140857747475e23 代表(6.022140857747475 * (10 ** 23))，6.626070040818182e-34 则代表(6.626070040818182 * (10 ** -34))。

Infinity 指那些大到无法表示的值，但不是∞。在数学中，∞并不是一个值，而是一个符号象征。

NaN 是一个特殊值，用于表示那些非数的数。你可能觉得这说起来比较绕，然而它本身的含义就是这么绕，NaN 是 Not a Number 的缩写。你说怪不怪？虽然它的含义是“不是一个数”，但是 typeof 对它的结果又告诉大家 NaN 是一个**数**（"number"）。

当字符串转换成数值失败时，结果就是 NaN。对，你没看错，当转换失败时，程序并不会抛出异常或者直接退出，而是返回 NaN。此外，当算术表达式中的一个数值为 NaN 的时候，它的运算结果也会是 NaN。

最让人困惑的是，NaN 居然不等于它自己！这是 IEEE 754 的糟粕，JavaScript 却将其照搬了过来，没有做任何处理。NaN 的相等比较与其他数值的相等比较是不一样的，这会在我们写测试时埋下隐患。当我们用相等判断期望值为 NaN 的时候，测试总会失败，哪怕实际值真的是 NaN。因此，当我们要判断一个值是不是 NaN 时，应当使用 Number.isNaN(*value*)。Number.isFinite(*value*)函数会在值为 NaN、Infinity 或者-Infinity 的时候返回 false。

2.3 Number

Number（注意首字母大写）是可以返回 number 类型值的函数。number 类型在 JavaScript 中是不可变类型。在 number 类型变量前面使用 typeof 的时候，结果为"number"（注意首字母小写）。不应该在 Number 函数前加上 new 这个运算符，因为它的行为跟你想象的不太一样。

```
const good_example = Number("432");
const bad_example = new Number("432");
typeof good_example
// "number"
typeof bad_example
// "object"
good_example === bad_example
// false
```

同时，Number 上还挂载了一些有用的常量。

Number.EPSILON 的值为 2.220446049250313080847263336181640625e-16，它是 JavaScript 中最小的正数。将 Number.EPSILON 加 1 时，会得到一个刚好大于 1 的值。也就是说，任何比 Number.EPSILON 小的正数加 1 的结果还是 1。这个行为看起来很荒唐，1 加一个非零的数居然还是 1？！然而这真不是 JavaScript 的设计错误，也不是 bug。包括 IEEE 754 在内的所有定长浮点系统都有这种神奇的行为，我认为这是一个合理的权衡。

Number.MAX_SAFE_INTEGER 的值为 9007199254740991，约为 9000 万亿，表示最大安全整数。在最大安全整数和最小安全整数之间的整数统称为安全整数。这就是 JavaScript 不需要整数类型的原因，毕竟光 number 类型就足以表示到 Number.MAX_SAFE_INTEGER 的整数了，相当于有 54 位有符号整数类型。

一个比最大安全整数还要大的整数加 1 等同于该数加 0。也就是说，在 JavaScript 中，只有在所有的运算因子、运算结果以及中间结果都是安全整数的情况下，才能进行精确的整数运算，才适用于加法结合律和乘法分配律。一旦有一项的值不是安全整数，事情就会变得不那么可控。例如，当我们计算一堆数的和时，相加的顺序会影响结果。举个例子，((0.1 + 0.2) + 0.3)的结果比(0.1 + (0.2 + 0.3))的结果大。我们可以通过 Number.isSafeInteger(*number*)

函数来判断一个数是否是安全整数。如果是，它会返回 `true`。

`Number.isInteger(number)` 函数则判断一个数是否是整数，不管它是不是安全整数。不得不说，所有比 `Number.MAX_SAFE_INTEGER` 大的数还是被称为整数。虽然有一些可能是整数，但大部分不是。

`Number.MAX_VALUE` 是 JavaScript 数值类型中的最大值。它的值为 `Number.MAX_SAFE_INTEGER * 2 ** 971`，也就是：

```
179769313486231570814527423731704356798070567525844996598917
476803157260780028538760589558632766878171540458953514382464
234321326889464182768467546703537516986049910576551282076245
490090389328944075868508455133942304583236903222948165808559
332123348274797826204144723168738177180919299881250404026184
124858368
```

简而言之，就是 `1` 后面跟着 308 位数字。这个值的失精程度很大。为什么这么说呢？该值只有 15.9 位有效位数，剩下的 292 位都是二进制转十进制时产生的误差。

将任意正的安全整数与 `Number.MAX_VALUE` 相加的结果还是 `Number.MAX_VALUE`。因此，一旦程序里出现 `Number.MAX_VALUE`，那么基本上可以断定程序出了问题；如果程序里出现 `Number.MAX_SAFE_INTEGER`，我们就应该提高警惕。虽然表面上 IEEE 754 的数值范围特别大，但还是得小心谨慎，不然很容易踩到坑。

`Number.MIN_VALUE` 是 JavaScript 中刚好比 0 大的最小值。它的值为 `2 ** -1074`，也就是：

```
4.9406564584124654417656879286822137236505980261432476442558
568250067550727020875186529983636163599237979656469544571773
092665671035593979639877479601078187812630071319031140452784
581716784898210368871863605699873072305000638740915356498438
731247339727316961514003171538539807412623856559117102665855
668676818703956031062493194527159149245532930545654440112748
012970999954193198940908041656332452475714786901472678015935
523861155013480352649347201937902681071074917033322268447533
357208324319360923828934583680601060115061698097530783422773
183292479049825247307763759272478746560847782037344696995336
470179726777175851256605511991315048911014510378627381672509
558373897335989936648099411642057026370902792427675445652290
87538682506419718265533447265625e-324
```

我们基本上可以认为所有小于该值的正数都等同于 0。值得一提的是，`Number.MIN_VALUE` 仅包含 1 位有效位数，在整个数值的最低位，因此该值也有很大程度的失精。

所有的数值类型都继承自 `Number.prototype` 对象。该对象包含一系列方法，但我觉得这些方法都没什么用。

2.4　运算符

JavaScript 中常用的运算符如表 2-1 和表 2-2 所示。

表 2-1　前缀运算符

+	转为数值类型	在作为前缀运算符使用时，作用为将目标转换为数值类型。如果转换失败，结果就会为 `NaN`。不过我更推荐你直接使用 `Number` 函数，因为它的语义更为明确
-	反转正负	在作为前缀运算符使用时，作用为改变目标的正负。JavaScript 的数值字面量其实是不区分正负的，所以像 `-1` 里的 `-` 其实就是前缀运算符，并不是字面量的一部分
typeof	返回类型	如果目标是一个数值类型（哪怕是 `NaN`），那么该前缀运算符返回的结果是 `"number"`

表 2-2　中缀运算符

+	加法运算	重点来了：`+` 除了可以做加法运算之外，还可以用于字符串拼接。两值相加的时候，如果其中一个值是字符串，那么另一个值也会被转换为字符串进行拼接。这种设计其实是略危险的。要在 JavaScript 中做数值加法运算，除了使用 `+` 别无他法，所以我们在做两数相加的时候要格外小心。这个时候 `Number` 函数就派上用场了，它能将操作值转换成数，保证两值相加时都为数值类型
-	减法运算	—
*	乘法运算	—
/	除法运算	注意该运算符不是“整除”的意思。如果两个整数使用 `/` 相除，那么结果可能是小数。例如，`5 / 2` 的结果是 `2.5`，而不是 `2`
%	取余运算	JavaScript 并不存在取模运算（modulo operation），只有取余运算（remainder operation）。取余运算的正负取决于被除数，而取模则取决于除数。例如，`-5 % 2` 的结果为 `-1`。我个人认为取模运算更为实用
**	幂运算	JavaScript 吸收了 FORTRAN 的双星号运算符作为幂运算符，看起来相当有年代感

2.5　位运算符

与 C 系语言类似，JavaScript 中也有一系列位运算符。JavaScript 在做位运算的时候，会事先将其转换为 32 位有符号整型（`int`）并开始计算，在得到结果后再将其转换回 JavaScript 的数值类型。虽然在 54 位安全整数上进行位运算更优雅，但是 JavaScript 并没有这么做。因此，在进行位运算的时候，最高 22 位上的有效数字会直接丢失，并且没有任何警告信息。

在某些语言中，大家可能习惯用左移和右移来代替乘除，或者用位运算“与”来做取模运算。但如果你在 JavaScript 中这么做，则必须舍弃数值中最高的 22 位有效数字。在某些情况下，这 22 位的确是可以忽略的，但很多时候不行。

这就是 JavaScript 中的位运算用得比别的语言中少的原因。但即使你不用它，它还是存在语法隐患。and 符号（&）和竖线（|）经常会被与双 and 符号（&&）和双竖线（||）混淆。双小于号（<<）和双大于号（>>）也经常会被与小于号（<）和大于号（>）混淆。我经常会愤愤不平：凭什么双大于号是带符号位扩展（sign extension）①的右移运算符，而三大于号（>>>）则不是？C 语言中的符号位扩展是根据数据类型而定的，Java 中的符号位扩展才取决于运算符。JavaScript 使用了 Java 的这个不明智的选择。在这一点上，我们要格外小心。

JavaScript 中唯一的一元位运算符是波浪号（~），表示“非”运算。

表 2-3 还展示了其他一些位运算符。

表 2-3　位运算符

运算符	说明
&	与运算
|	或运算
^	异或运算
<<	左移
>>>	右移
>>	带符号扩展右移

2.6　`Math` 对象

`Math` 对象包含一系列本该在 `Number` 中的重要函数。这是又一个从 Java 处习得的糟粕。该对象中有三角函数（trigonometric function）和对数函数（logarithmic function），以及一些本该是运算符的函数。

`Math.floor` 和 `Math.trunc` 都是将数转换为整数的函数。不同的是，`Math.floor` 返回的是一个恰比传入参数小的整数，而 `Math.trunc` 返回的则是恰比传入参数更接近 `0` 的整数。它们在正数上的结果是一样的，但在负数上的结果存在差异。

① 对符号位扩展说明如下：当用更多内存存储某个有符号数时，由于符号位位于该数的第一位，扩展之后符号位仍然需要位于第一位。——译者注

```
Math.floor(-2.5) // -3
Math.trunc(-2.5) // -2
```

Math.min 的返回值是传入的一系列参数中最小的数，而 Math.max 则返回最大的数。

Math.random 的返回值是一个 0 和 1 之间的数。这个函数通常在游戏中使用，但是不应该在加密应用以及赌博游戏中使用。

2.7　“怪兽”来了

JavaScript 并没有提供工具来调试数值类型的内在构成。没有枪、没有炮，我们自己造！一起来看看数值的本质吧。

为了便于理解，本节称有效位数的变量名为 coefficient。

我们写一个函数，用于分析数值类型的本质。

```
function deconstruct(number) {
```

该函数的返回结果将包含：符号位、整数系数和指数，如下所示。

```
数值 = 符号位 * 系数 * (2 ** 指数)

    let sign = 1;
    let coefficient = number;
    let exponent = 0;
```

首先将符号位从系数中提取出来：

```
    if (coefficient < 0) {
        coefficient = -coefficient;
        sign = -1;
    }

    if (Number.isFinite(number) && number !== 0) {
```

然后“磨光”（reduce）系数：将系数不断除以 2，直到趋近于 0 为止。然后将除的次数与 -1128 相加到 exponent。-1128 就是 Number.MIN_VALUE 的指数减去有效位数再减去奖励位的结果。

```
        exponent = -1128;
        let reduction = coefficient;
        while (reduction !== 0) {
```

循环的退出条件是将系数除到 0。每次相除之后，reduction 的值都会变得更小，而当

reduction 小到一定程度时，就会变成非规格化浮点数。这时，所有位就都被置换出去了。

```
            exponent += 1;
            reduction /= 2;
        }
```

接下来就是“磨光”指数了：当指数为 0 的时候，可以认为数值是一个整数。如果指数不为 0，则通过校正系数来使其为 0。

```
        reduction = exponent;
        while (reduction > 0) {
            coefficient /= 2;
            reduction -= 1;
        }
        while (reduction < 0) {
            coefficient *= 2;
            reduction += 1;
        }
    }
```

最终，将刚才计算好的符号位、系数、指数以及原数值返回即可。

```
    return {
        sign,
        coefficient,
        exponent,
        number
    };
}
```

整装待发！让我们看看刚造好的“怪兽”吧。

当传入 Number.MAX_SAFE_INTEGER 时，结果是：

```
{
    "sign": 1,
    "coefficient": 9007199254740991,
    "exponent": 0,
    "number": 9007199254740991
}
```

这是因为 Number.MAX_SAFE_INTEGER 是 54 位有符号整数的最大数。

传入 1 的结果为：

```
{
    "sign": 1,
    "coefficient": 9007199254740992,
    "exponent": -53,
    "number": 1
}
```

算一下，1 * 9007199254740992 * (2 ** -53)就是 1。

再看看对 0.1 的分析结果吧。它俗称十分之一，也可以代表“一角钱”。

```
{
    "sign": 1,
    "coefficient": 7205759403792794,
    "exponent": -56,
    "number": 0.1
}
```

用之前的公式算一下，即 1 * 7205759403792794 * 2 ** -56。诶？不是 0.1？结果居然是：0.1000000000000000055511151231257827021181583404541015625！

恭喜你触发了彩蛋。众所周知，JavaScript 不是很擅长处理小数，尤其是与金钱相关的小数。JavaScript 无法精确表示绝大多数小数，0.1 就是其中之一。JavaScript 通常用它可以表示出来的值来代替这些小数。

当你在代码里输入小数点或者从一些数据中读取带小数点的数时，基本上就等于给程序贴上了“有误差”的标签。有时候误差小到可以忽略不计，有时候多个数的误差可以相互抵消，但还有些时候误差会越累积越大。

如果用刚才的函数来解析 0.3，会得到与解析 0.1 + 0.2 不一样的结果。

```
{
    "sign": 1,
    "coefficient": 5404319552844595,
    "exponent": -54,
    "number": 0.3
}

{
    "sign": 1,
    "coefficient": 5404319552844596,
    "exponent": -54,
    "number": 0.30000000000000004
}
```

注意，经计算一个值是 0.299999999999999988897769753748434595763683319091796875，另一个值则是 0.3000000000000000444089209850062616169452667236328125，都不是 0.3。

作为下一个例子，我们解析 100 / 3 看看。

```
{
    "sign": 1,
    "coefficient": 9382499223688534,
```

```
    "exponent": -48,
    "number": 33.333333333333336
}
```

数值在表面上是 `33.333333333333336`。最后的 6 就是 JavaScript 无法精确算出结果的证明。然而事实比这还要离谱。我们通过系数和指数算出来的结果居然是 `33.33333333333333570180911920033395290374755859375`。

与浮点数系统一同被创造出来的，还有一些在浮点数本源的二进制表示与人类使用的十进制表示之间进行转换的函数。这些转换函数会将误差控制在可接受的范围之内。如果我们被迫使用 IEEE 754 所表示的真实值，那事情就糟透了。在实际中，我们肯定不希望看到这种大长尾的奇怪小数，更不希望将其展示给用户。如果用户看到这种数，会认为程序员都是吃白饭的。与之相比，用 JavaScript 粉饰过的结果好多了。

最开始使用二进制浮点系统的人是数学家和科学家。数学家们知道，出于硬件设施的限制，计算机无法精确地表示实数，所以他们依靠自己的分析和经验从不那么精确的结果中提取有效部分；而科学家们则本来就在处理充斥着噪声的实验数据，所以这个程度的失精在可接受范围之内。但是早期的商业用户却无法接受二进制浮点系统，因为他们的客户，当然还有法律，需要精确的十进制结果。毕竟与钱相关的计算无小事，必须依法提供正确的金额。

那些都是五六十年前的事情了，之后，人们似乎逐渐忘记了二进制浮点运算带来的误差。到现在，我们应该已经有更好的解决办法了。但是令人发指的是，已经是 21 世纪了，我们还是不能好好地将 `0.1` 与 `0.2` 相加精确得到 `0.3`。我衷心希望下一门取代 JavaScript 的语言一定要有精确的小数类型。然而就算有那么一天，这门语言还是无法精确地表示实数——没有一个有限的系统可以做到。有限的系统只能表示人类生活中的日常数字，即十进制数组成的值。

就目前而言，我建议你只在安全整数范围内使用数值类型。对于金钱的处理，只要将单位转换为“分”，就能将其作为整数进行处理了。不过这么做还是有隐患，毕竟与你的系统交互的其他系统不一定会这么做。当我们与这样的接口进行交互的时候，需要百倍大小的转换，所以还是有可能出错。半开玩笑地说，该类问题的解决办法可能就是通货膨胀了——让“分”变得“一分不值”，我们就不用再关注它了。

一旦你的程序开始游离于安全整数范围之外，带有小数点（`.`）或者使用十进制指数（`e`）科学计数法的数就不再精确了。两个大小差不多的数相加通常会比两个大小悬殊的数相加产生更小的误差。这就是为什么部分求和会比单独求和更精确。

第 3 章

高精度整数

○○○●●

尔五吾六，尔八吾九，十而十一。吾当攀高而无止休。

——奇科·马克斯

人们对 JavaScript 抱怨最多的事情之一就是它没有 64 位整数类型[1]。64 位整数可以大到 9223372036854775807，比 Number.MAX_SAFE_INTEGER 还长 3 位。

只需给 JavaScript 加一个新的数值类型，这个问题就不复存在了，不是吗？别的语言都有多种不同的数值类型，为什么 JavaScript 就不能有呢？

当你正在使用一门只有一种数值类型的语言时，为其添加另一种数值类型是很粗鲁的行为。这会破坏原语言的简洁性，还会引入一堆潜在问题。这些问题可能会在类型声明或者类型转换时被触发。

我们还可能有一个疑问：为什么是 64 位？72 位、96 位、128 位、256 位不行吗？人外有人、天外有天，无论你选择多少位来存整数，上面都还有更大的位数可供选择。

我个人认为，编程语言不应该内置高精度整数类型，而应该用库来代替。绝大多数人在工作中并不会用到高精度整数，它们也无法解决当前数值类型存在的最大问题。事实上，我们只需通过少量代码就能解决这些问题，而且不会破坏语言的原生性。通过编码，我们可以在 JavaScript 中进行任意位数整数的精确运算，即高精度整数运算。就像“茴”字有多种写法一样，我们也有很多写法能实现高精度整数运算。本书中的实现并未考虑代码体积和性能等问题，而是将重心放在可读性，或者说可阐释性上。我的目的是以少量篇幅来完整展示用到的库的代码。

---

① ECMAScript 中的 BigInt 类型其实也只是 54 位有符号整数类型。——译者注

我会将高精度整数类型存储于数组中，毕竟数组是不定长的，可以存储任意位数。当然，也可以用字符串来存储，毕竟每个字符相当于一个 16 位整数。我们定义数组中的每个元素都代表高精度整数的一些位。这个时候，我们就面临一个重要问题了——**每个元素到底代表几位比较合适呢**？理论上可用的最大值是 53，即 JavaScript 中安全正整数的位数。但我考虑 JavaScript 中小于等于 32 位的整数可以使用位运算，从而让我们的实现更简洁。

然而，事实上 32 位还是大了——毕竟我们还需要进行乘除操作。JavaScript 中的整数在进行乘除操作的时候，只能精确到 53 位。也就是说，我们在数组中存储的每个元素位数不能超过 53 的一半。综上所述，结果就浮现出来了——24 位正合适。你可能会说 26 也小于 53 的一半，但我觉得 26 看起来"干干巴巴"的，24 看起来更"圆润"（我人生中的第一个程序就是在 Control Data Corporation 3150 上运行的，那是一台 24 位大型机）。我们称 24 位为**兆位**（百万位），因为它能表示的数字量是 1 位的百万倍。

还有一点值得一提，那就是我们需要一个符号位。所以我们定义数组的第 0 个元素为符号位，可以是`"+"`或者`"-"`。第一个元素为最低兆位，最后的元素则为最高兆位。如此一来，`9000000000000000000` 看起来就是这样的：

```
["+", 8650752, 7098594, 31974]
```

看起来挺丑的，但能用就行。算算看吧。

```
9000000000000000000 = 8650752 + ((7098594 + (31974 *
16777216)) * 16777216)
```

没问题！先声明一些工具函数和常量吧。

```
const radix = 16777216;
const radix_squared = radix * radix;
const log2_radix = 24;
const plus ="+";
const minus ="-";
const sign = 0;
const least = 1;

function last(array) {
    return array[array.length - 1];
}

function next_to_last(array) {
    return array[array.length - 2];
}
```

有一些常量本可以硬编码在逻辑代码中，但我觉得太丑了。将其提取成常量有助于提高代码的可读性。

```
const zero = Object.freeze([plus]);
const wun = Object.freeze([plus, 1]);
const two = Object.freeze([plus, 2]);
const ten = Object.freeze([plus, 10]);
const negative_wun = Object.freeze([minus, 1]);
```

接着编写几个检测函数，用于检测正负高精度整数。

```
function is_big_integer(big) {
    return Array.isArray(big) && (big[sign] === plus || big[sign] === minus);
}

function is_negative(big) {
    return Array.isArray(big) && big[sign] === minus;
}

function is_positive(big) {
    return Array.isArray(big) && big[sign] === plus;
}

function is_zero(big) {
    return !Array.isArray(big) || big.length < 2;
}
```

然后是 mint 函数。它会清除最后是 0 的几位，然后将数组与几个常量逐一对比。如果与其中一个常量匹配，则用该常量取而代之；否则就会冻结（freeze）该数组。虽然不冻结会有性能上的一些优势，但数组会有变脏的潜在可能，使事情变得不可控。所以我们实现的高精度整数与 JavaScript 数值类型一样，都是不可变的。

```
function mint(proto_big_integer) {
```

下面的逻辑跟我们之前提到的一样，从入参移除最高兆位多余的 0，然后看看能否用常量代替。

```
    while (last(proto_big_integer) === 0) {
        proto_big_integer.length -= 1;
    }
    if (proto_big_integer.length <= 1) {
        return zero;
    }
    if (proto_big_integer[sign] === plus) {
        if (proto_big_integer.length === 2) {
            if (proto_big_integer[least] === 1) {
                return wun;
            }
            if (proto_big_integer[least] === 2) {
                return two;
            }
```

```
            if (proto_big_integer[least] === 10) {
                return ten;
            }
        }
    } else if (proto_big_integer.length === 2) {
        if (proto_big_integer[least] === 1) {
            return negative_wun;
        }
    }
    return Object.freeze(proto_big_integer);
}
```

接着，实现几个实用函数：正负取反，取绝对值以及提取符号位。

```
function neg(big) {
    if (is_zero(big)) {
        return zero;
    }
    let negation = big.slice();
    negation[sign] = (
        is_negative(big)
        ? plus
        : minus
    );
    return mint(negation);
}

function abs(big) {
    return (
        is_zero(big)
        ? zero
        : (
            is_negative(big)
            ? neg(big)
            : big
        )
    );
}

function signum(big) {
    return (
        is_zero(big)
        ? zero
        : (
            is_negative(big)
            ? negative_wun
            : wun
        )
    );
}
```

eq 函数用于判断两个高精度整数的每位是不是都一样。

```
function eq(comparahend, comparator) {
    return comparahend === comparator || (
        comparahend.length === comparator.length
        && comparahend.every(function (element, element_nr) {
            return element === comparator[element_nr];
        })
    );
}
```

abs_lt 函数用于判断一个高精度整数的绝对值是否小于另一个的绝对值。lt 函数则是纯大小判断，不取绝对值。当两个高精度整数的位数一样的时候，判断逻辑会复杂一些。要是数组的 reduce 函数可以反向遍历或者提前退出的话，就没有这么复杂了，可惜不行。

```
function abs_lt(comparahend, comparator) {
    return (
```

不看符号位，显然有更多兆位的那个数更大。然而如果兆位数相等，我们则需要逐位比对。

```
        comparahend.length === comparator.length
        ? comparahend.reduce(
            function (reduction, element, element_nr) {
                if (element_nr !== sign) {
                    const other = comparator[element_nr];
                    if (element !== other) {
                        return element < other;
                    }
                }
                return reduction;
            },
            false
        )
        : comparahend.length < comparator.length
    );
}

function lt(comparahend, comparator) {
    return (
        comparahend[sign] !== comparator[sign]
        ? is_negative(comparahend)
        : (
            is_negative(comparahend)
            ? abs_lt(comparator, comparahend)
            : abs_lt(comparahend, comparator)
        )
    );
}
```

有了 lt，我们就可以方便地通过完善和置换来进行一些其他比较了。

```
function ge(a, b) {
    return !lt(a, b);
}

function gt(a, b) {
    return lt(b, a);
}

function le(a, b) {
    return !lt(b, a);
}
```

下面轮到位运算出场了。我们事先定义好位运算是与符号无关的，在输出结果时符号总是为"+"。

首先实现**与**、**或**以及**异或**。and 函数的结果取决于更短的那个数组，并不关心长数组中多出来的几位，反正**与**之后多出来的几位最终会为 0；而 or 和 xor 函数则取决于更长的那个数组。

如前所述，我们需要关心数组长度。在**与**中，让 a 成为更短的数组。

```
function and(a, b) {
    if (a.length > b.length) {
        [a, b] = [b, a];
    }
    return mint(a.map(function (element, element_nr) {
        return (
            element_nr === sign
            ? plus
            : element & b[element_nr]
        );
    }));
}
```

在**或**中，则让 a 成为更长的数组。

```
function or(a, b) {
    if (a.length < b.length) {
        [a, b] = [b, a];
    }
    return mint(a.map(function (element, element_nr) {
        return (
            element_nr === sign
            ? plus
            : element | (b[element_nr] || 0)
        );
    }));
}
```

在异或中，也让 a 成为更长的数组。

```
function xor(a, b) {
    if (a.length < b.length) {
        [a, b] = [b, a];
    }
    return mint(a.map(function (element, element_nr) {
        return (
            element_nr === sign
            ? plus
            : element ^ (b[element_nr] || 0)
        );
    }));
}
```

有些函数中的参数可以接收一些小整数。比如 int 函数既可以处理 JavaScript 的 number 类型，也可以处理高精度整数。

```
function int(big) {
    let result;
    if (typeof big ==="number") {
        if (Number.isSafeInteger(big)) {
            return big;
        }
    } else if (is_big_integer(big)) {
        if (big.length < 2) {
            return 0;
        }
        if (big.length === 2) {
            return (
                is_negative(big)
                ? -big[least]
                : big[least]
            );
        }
        if (big.length === 3) {
            result = big[least + 1] * radix + big[least];
            return (
                is_negative(big)
                ? -result
                : result
            );
        }
        if (big.length === 4) {
            result = (big[least + 2] * radix_squared + big[least + 1] * radix +
big[least]);
            if (Number.isSafeInteger(result)) {
                return (
                    is_negative(big)
```

```
                    ? -result
                    : result
                );
            }
        }
    }
}
```

shift_down 函数通过删除最低有效位来实现**下移**，从而使入参变小。它的效果相当于整除 2 的幂，相当于普通数值运算符中的**右移运算符**（>>>）。我个人觉得右移运算符的语义有问题，它意在让数变小，而符号却用了大于号。此外，位的排列是人为定义的，用左右来表示大小也不那么合理。这里的实现用的是数组，也就是说位是从左往右增长的。有些系统的书写阅读顺序是从左往右，有些则是从右往左，所以左右也不是绝对的。字节序问题（Endian Problem）的根源就在于这种左右的混乱。因此左移右移在语义上自然不如放大缩小或者上移下移来得明晰。

如果位移数是 24，逻辑会特别简单；否则需要重新编排每位数字。

```
function shift_down(big, places) {
    if (is_zero(big)) {
        return zero;
    }
    places = int(places);
    if (Number.isSafeInteger(places)) {
        if (places === 0) {
            return abs(big);
        }
        if (places < 0) {
            return shift_up(big, -places);
        }
        let skip = Math.floor(places / log2_radix);
        places -= skip * log2_radix;
        if (skip + 1 >= big.length) {
            return zero;
        }
        big = (
            skip > 0
            ? mint(zero.concat(big.slice(skip + 1)))
            : big
        );
        if (places === 0) {
            return big;
        }
        return mint(big.map(function (element, element_nr) {
            if (element_nr === sign) {
                return plus;
            }
            return ((radix - 1) & (
                (element >> places)
```

```
                | ((big[element_nr + 1] || 0) << (log2_radix - places))
            ));
        }));
    }
}
```

shift_up 函数则通过在最低位不断插入 0 来放大数。它的效果相当于乘以 2 的幂，从而使入参变大。在绝大多数系统中，若运算结果超过数值范围便会溢出，但我们这个设计不会。

```
function shift_up(big, places) {
    if (is_zero(big)) {
        return zero;
    }
    places = int(places);
    if (Number.isSafeInteger(places)) {
        if (places === 0) {
            return abs(big);
        }
        if (places < 0) {
            return shift_down(big,-places);
        }
        let blanks = Math.floor(places / log2_radix);
        let result = new Array(blanks + 1).fill(0);
        result[sign] = plus;
        places -= blanks * log2_radix;
        if (places === 0) {
            return mint(result.concat(big.slice(least)));
        }
        let carry = big.reduce(function (accumulator, element, element_nr) {
            if (element_nr === sign) {
                return 0;
            }
            result.push(((element << places) | accumulator) & (radix - 1));
            return element >> (log2_radix - places);
        }, 0);
        if (carry > 0) {
            result.push(carry);
        }
        return mint(result);
    }
}
```

本来还应该有一个 not 函数，用于按位非。但因为我们的位数是不定的，所以不知道究竟要非多少位。因此，需要先有一个 mask（掩码）函数，然后才能通过它和 xor 来实现 not。不过还必须向 not 传入位数。

```
function mask(nr_bits) {
```

生成指定位数的全 1 序列高精度整数。

```
    nr_bits = int(nr_bits);
    if (nr_bits !== undefined && nr_bits >= 0) {
        let mega = Math.floor(nr_bits / log2_radix);
        let result = new Array(mega + 1).fill(radix - 1);
        result[sign] = plus;
        let leftover = nr_bits - (mega * log2_radix);
        if (leftover > 0) {
            result.push((1 << leftover) - 1);
        }
        return mint(result);
    }
}

function not(a, nr_bits) {
    return xor(a, mask(nr_bits));
}
```

`random` 函数用于生成一个随机高精度整数。我们定义该函数接收两个参数：第一个是要生成的数的位数；第二个可选，是生成 `0` 和 `1` 之间随机数的函数。如果不传第二个参数，则默认使用 `Math.random`。还是如之前所说，`Math.random` 可以满足日常开发，但不应该用于加密应用。

```
function random(nr_bits, random = Math.random) {
```

如果你比较在意安全性，则可以传入一个更强大的随机数生成器。

首先，生成一个指定位数的掩码。

```
    const wuns = mask(nr_bits);
    if (wuns !== undefined) {
```

对于掩码的每个兆位，都先生成一个 `0.0` 和 `1.0` 之间的随机数，然后用该数的高位**异或**其低位，最后将其**与**到该兆位中。

```
        return mint(wuns.map(function (element, element_nr) {
            if (element_nr === sign) {
                return plus;
            }
            const bits = random();
            return ((bits * radix_squared) ^ (bits * radix)) & element;
        }));
    }
}
```

加法操作的逻辑跟小学数学老师教授的一样。只不过这里用的是 16 777 216 进制，而我们小时候学的是十进制。我们在加法函数中使用闭包来进位。

```
function add(augend, addend) {
    if (is_zero(augend)) {
        return addend;
    }
    if (is_zero(addend)) {
        return augend;
    }
```

若两数符号不同，则演变成减法来计算。

```
    if (augend[sign] !== addend[sign]) {
        return sub(augend, neg(addend));
    }
```

下面是符号位相同的情况。我们只需将每个兆位两两相加，然后配上指定的符号位即可。两个数的长度不一定一致，可以通过`.map`来遍历更长的数，并且用`||`运算符将不存在的元素替换为`0`即可。

```
    if (augend.length < addend.length) {
        [addend, augend] = [augend, addend];
    }
    let carry = 0;
    let result = augend.map(function (element, element_nr) {
        if (element_nr !== sign) {
            element += (addend[element_nr] || 0) + carry;
            if (element >= radix) {
                carry = 1;
                element -= radix;
            } else {
                carry = 0;
            }
        }
        return element;
    });
```

如果数溢出了，则附加一个兆位用于进位。

```
    if (carry > 0) {
        result.push(carry);
    }
    return mint(result);
}
```

减法函数也差不多。

```
function sub(minuend, subtrahend) {
    if (is_zero(subtrahend)) {
        return minuend;
    }
    if (is_zero(minuend)) {
```

```
        return neg(subtrahend);
    }
    let minuend_sign = minuend[sign];
```

如果两数的符号位不同，则转换为加法。

```
    if (minuend_sign !== subtrahend[sign]) {
        return add(minuend, neg(subtrahend));
    }
```

用绝对值更大的数减去绝对值更小的数。

```
    if (abs_lt(minuend, subtrahend)) {
        [subtrahend, minuend] = [minuend, subtrahend];
        minuend_sign = (
            minuend_sign === minus
            ? plus
            : minus
        );
    }
    let borrow = 0;
    return mint(minuend.map(function (element, element_nr) {
        if (element_nr === sign) {
            return minuend_sign;
        }
        let diff = element - ((subtrahend[element_nr] || 0) + borrow);
        if (diff < 0) {
            diff += 16777216;
            borrow = 1;
        } else {
            borrow = 0;
        }
        return diff;
    }));
}
```

乘法稍微复杂一些。我们用嵌套的 forEach 函数来让两个数的每个兆位两两相乘。每次相乘结果可能的最大值为 48 位，而我们数组的每个元素只存储 24 位，所以也需要进位。

```
function mul(multiplicand, multiplier) {
    if (is_zero(multiplicand) || is_zero(multiplier)) {
        return zero;
    }
```

如果两数的符号位相同，则结果应该为正。

```
    let result = [
        multiplicand[sign] === multiplier[sign]
        ? plus
        : minus
    ];
```

接下来让每个兆位两两相乘，并进位。

```
    multiplicand.forEach(function (
        multiplicand_element,
        multiplicand_element_nr
    ) {
        if (multiplicand_element_nr !== sign) {
            let carry = 0;
            multiplier.forEach(function (
                multiplier_element,
                multiplier_element_nr
            ) {
                if (multiplier_element_nr !== sign) {
                    let at = (
                        multiplicand_element_nr + multiplier_element_nr - 1
                    );
                    let product = (
                        (multiplicand_element * multiplier_element)
                        + (result[at] || 0)
                        + carry
                    );
                    result[at] = product & 16777215;
                    carry = Math.floor(product / radix);
                }
            });
            if (carry > 0) {
                result[multiplicand_element_nr + multiplier.length - 1] = carry;
            }
        }
    });
    return mint(result);
}
```

divrem 函数用于整除，并返回商与余数。为了方便起见，我再提供一个只返回商的函数 div。

```
function divrem(dividend, divisor) {
    if (is_zero(dividend) || abs_lt(dividend, divisor)) {
        return [zero, dividend];
    }
    if (is_zero(divisor)) {
        return undefined;
    }
```

将除数与被除数“掰”正。

```
    let quotient_is_negative = dividend[sign] !== divisor[sign];
    let remainder_is_negative = dividend[sign] === minus;
    let remainder = dividend;
    dividend = abs(dividend);
    divisor = abs(divisor);
```

我们用最基本的长除法[①]来实现除法逻辑。先预估下一位的商，然后将被除数减去除数个商，如此循环往复。跟乘法一样，我们使用 16 777 216 进制。我会详细解释如何预估商。

首先用 `mint` 处理一下我们的除数，然后不断"砍掉"数组最左边的值，直到最左边的那一位是 `1`。同时，我们还要"砍掉"被除数最左边相同的位数。参考《计算机程序设计艺术 卷 2：半数值算法》[②]的 4.3.1D 节。

我们可以通过统计前导 0 位的数量来算出需要"砍掉"的位数。`clz32` 函数会算出 32 位整数的对应值，而我们的每个元素是 24 位的，所以需要再减 `8`。

```
    let shift = Math.clz32(last(divisor)) - 8;

    dividend = shift_up(dividend, shift);
    divisor = shift_up(divisor, shift);
    let place = dividend.length - divisor.length;
    let dividend_prefix = last(dividend);
    let divisor_prefix = last(divisor);
    if (dividend_prefix < divisor_prefix) {
        dividend_prefix = (dividend_prefix * radix) + next_to_last(dividend);
    } else {
        place += 1;
    }
    divisor = shift_up(divisor, (place - 1) * 24);
    let quotient = new Array(place + 1).fill(0);
    quotient[sign] = plus;
    while (true) {
```

我们预估的商不会过小，但可能过大。若过大了，被除数减去除数个商就会得到一个负数。一旦发生这种情况，就需要调小预估的商再来一遍。

```
        let estimated = Math.floor(dividend_prefix / divisor_prefix);
        if (estimated > 0) {
            while (true) {
                let trial = sub(dividend, mul(divisor,[plus, estimated]));
                if (!is_negative(trial)) {
                    dividend = trial;
                    break;
                }
                estimated -= 1;
            }
        }
```

调整后的估计值将被存储在 `quotient` 中。

---

① 长除法也称为直式除法，是算术中除法的算法，可以处理多位数的除法。它很简单，可以用纸笔计算，也就是俗称的"摆竖式"。——译者注

② 该书已由人民邮电出版社出版，参见 ituring.cn/book/987。——编者注

```
        quotient[place] = estimated;
        place -= 1;
        if (place === 0) {
            break;
        }
```

接下来为下一次循环做点准备，更新 dividend_prefix 后将除数变小。

```
        if (is_zero(dividend)) {
            break;
        }
        dividend_prefix = last(dividend) * radix + next_to_last(dividend);
        divisor = shift_down(divisor, 24);
    }
```

校正余数。

```
    quotient = mint(quotient);
    remainder = shift_down(dividend, shift);
    return [
        (
            quotient_is_negative
            ? neg(quotient)
            : quotient
        ),
        (
            remainder_is_negative
            ? neg(remainder)
            : remainder
        )
    ];
}

function div(dividend, divisor) {
    let temp = divrem(dividend, divisor);
    if (temp) {
        return temp[0];
    }
}
```

高精度整数自身多次相乘就是幂。

```
function power(big, exponent) {
    let exp = int(exponent);
    if (exp === 0) {
        return wun;
    }
    if (is_zero(big)) {
        return zero;
    }
    if (exp === undefined || exp < 0) {
        return undefined;
```

```
    }
    let result = wun;
    while (true) {
        if ((exp & 1) !== 0) {
            result = mul(result, big);
        }
        exp = Math.floor(exp / 2);
        if (exp < 1) {
            break;
        }
        big = mul(big, big);
    }
    return mint(result);
}
```

gcd 函数用于求最大公约数。

```
function gcd(a, b) {
    a = abs(a);
    b = abs(b);
    while (!is_zero(b)) {
        let [ignore, remainder] = divrem(a, b);
        a = b;
        b = remainder;
    }
    return a;
}
```

我们还需要一些转换函数，使变量可以在 number、string 以及我们的高精度整数之间相互转换。在字符串与高精度整数之间进行转换时，我们希望可以支持十进制、二进制、八进制、十六进制，还能支持 Base32 以及 Base32 的校验码（checksum）。关于 Base32 的更多信息可以参考我于 2019 年 3 月 4 日发表的博客文章“Base32”，参见我的同名网站 Douglas Crockford。

digitset 是一个用于各进制的备选字典字符串，charset 则是备选字典中每个字符所对应的数值的字典。我们刚才讲的几种进制都可以使用同一套字典。

```
const digitset ="0123456789ABCDEFGHJKMNPQRSTVWXYZ*~$=U";
const charset = (function (object) {
    digitset.split("").forEach(function (element, element_nr) {
        object[element] = element_nr;
    });
    return Object.freeze(object);
}(Object.create(null)));
```

make 函数用于将 number 或者 string 类型的变量转换为高精度整数，并辅以一个可选的进制参数。该函数的转换结果对于所有的整数值来说都是精确的。

```
function make(value, radix_2_37) {
```

make 的返回值是一个高精度整数，其参数为一个字符串与一个可选的进制数，后者就是一个整数或高精度整数。

```
let result;
if (typeof value ==="string") {
    let radish;
    if (radix_2_37 === undefined) {
        radix_2_37 = 10;
        radish = ten;
    } else {
        if (
            !Number.isInteger(radix_2_37)
            || radix_2_37 < 2
            || radix_2_37 > 37
        ) {
            return undefined;
        }
        radish = make(radix_2_37);
    }
    result = zero;
    let good = false;
    let negative = false;
    if (value.toUpperCase().split("").every(
        function (element, element_nr) {
            let digit = charset[element];
            if (digit !== undefined && digit < radix_2_37) {
                result = add(mul(result, radish), [plus, digit]);
                good = true;
                return true;
            }
            if (element_nr === sign) {
                if (element === plus) {
                    return true;
                }
                if (element === minus) {
                    negative = true;
                    return true;
                }
            }
            return digit ==="_";
        }
    ) && good) {
        if (negative) {
            result = neg(result);
        }
        return mint(result);
    }
    return undefined;
}
if (Number.isInteger(value)) {
    let whole = Math.abs(value);
```

```
        result = [(
            value < 0
            ? minus
            : plus
        )];
        while (whole >= radix) {
            let quotient = Math.floor(whole / radix);
            result.push(whole - (quotient * radix));
            whole = quotient;
        }
        if (whole > 0) {
            result.push(whole);
        }
        return mint(result);
    }
    if (Array.isArray(value)) {
        return mint(value);
    }
}
```

number 函数则会将高精度整数转换为 JavaScript 的 number 类型。如果入参的大小在安全整数范围之内，则结果是精确的。

```
function number(big) {
    let value = 0;
    let the_sign = 1;
    let factor = 1;
    big.forEach(function (element, element_nr) {
        if (element_nr === 0) {
            if (element === minus) {
                the_sign = -1;
            }
        } else {
            value += element * factor;
            factor *= radix;
        }
    });
    return the_sign * value;
}
```

string 函数会将高精度整数转换为字符串，其转换结果也是精确的。

```
function string(a, radix_2_thru_37 = 10) {
    if (is_zero(a)) {
        return "0";
    }
    radix_2_thru_37 = int(radix_2_thru_37);
    if (
        !Number.isSafeInteger(radix_2_thru_37)
        || radix_2_thru_37 < 2
        || radix_2_thru_37 > 37
    ) {
```

```
        return undefined;
    }
    const radish = make(radix_2_thru_37);
    const the_sign = (
        a[sign] === minus
        ? "-"
        : ""
    );
    a = abs(a);
    let digits = [];
    while (!is_zero(a)) {
        let [quotient, remainder] = divrem(a, radish);
        digits.push(digitset[number(remainder)]);
        a = quotient;
    }
    digits.push(the_sign);
    return digits.reverse().join("");
}
```

接下来是一个计算高精度整数中有多少位 1 的函数。该函数通常用于计算一个高精度整数与 0 之间的汉明距离[①]。

先写一个计算 32 位整数中 1 的数量的函数备用。

```
function population_32(int32) {
```

将一个 32 位整数的每位用 1 填满。

然后统计 16 对双位的值（值可为 0、1、2）。每对双位的值减去其高位的值，就可得到该双位 1 的个数 。

```
//                        HL - H = count
//                        00 - 0 = 00
//                        01 - 0 = 01
//                        10 - 1 = 01
//                        11 - 1 = 10

    int32 -= (int32 >>> 1) & 0x55555555;
```

将算出的 16 个值再分成 8 对进行结合，每对为一个四位统计。每个四位统计的取值范围为 0 过[②]4。

```
    int32 = (int32 & 0x33333333) + ((int32 >>> 2) & 0x33333333);
```

① 在信息论中，两个等长字符串之间的汉明距离是这两个字符串对应位置的不同字符的个数。换句话说，它就是将一个字符串变换成另外一个字符串所需要替换的字符数。此处指的是对应位的差异数。——译者注

② 关于“过”的含义，详见 0.4 节。——编者注

再将 8 个四位统计分成 4 对进行结合，每对就是一个八位统计，取值范围为 0 过 8。这次只需要在每对结合相加后再用一个掩码进行与运算即可。

```
    int32 = (int32 + (int32 >>> 4)) & 0x0F0F0F0F;
```

然后将 4 个八位统计结合成两对十六位，即 0 过 16。

```
    int32 = (int32 + (int32 >>> 8)) & 0x001F001F;
```

最后让两对十六位统计进行结合，得到一个 32 位整数的计数，取值范围为 0 过 32。

```
    return (int32 + (int32 >>> 16)) & 0x0000003F;
}
```

接着就能计算整个高精度整数中 1 的数量了。

```
function population(big) {
    return big.reduce(
        function (reduction, element, element_nr) {
            return reduction + (
                element_nr === sign
                ? 0
                : population_32(element)
            );
        },
        0
    );
}
```

统计除前导 0 之外的位数。

```
function significant_bits(big) {
    return (
        big.length > 1
        ? make((big.length - 2) * log2_radix + (32 - Math.clz32(last(big))))
        : zero
    );
}
```

大功告成！下面将之前写的都导出成一个模块。

```
export default Object.freeze({
    abs,
    abs_lt,
    add,
    and,
    div,
    divrem,
    eq,
    gcd,
```

```
    is_big_integer,
    is_negative,
    is_positive,
    is_zero,
    lt,
    make,
    mask,
    mul,
    neg,
    not,
    number,
    or,
    population,
    power,
    random,
    shift_down,
    shift_up,
    significant_bits,
    signum,
    string,
    sub,
    ten,
    two,
    wun,
    xor,
    zero
});
```

然后，自己将其导入玩玩吧！

```
import big_integer from "./big_integer.js";
```

第 4 章

高精度浮点数

○○●○○

莫想逞勇，未可成者。

——哈兰·波特，《漫长的告别》

上一章介绍的高精度整数系统已经可以解决很多问题了，但是仅限于整数。世界之大，不只整数。所以在本章中，我们还要搭建一套高精度浮点数系统。第 2 章解释过，一个浮点数系统需要包含三部分：系数（也叫有效位数）、指数和进制数。还记得之前的那个公式吗？

```
数值 = 系数 * (进制数 ** 指数)
```

因为 JavaScript 用的 IEEE 754 标准是基于二进制的，所以它的进制数自然为 2。在 20 世纪 50 年代，最符合机器本质的二进制无疑更利于硬件的实现。但是摩尔定律使得我们现在的计算机摆脱了只能以 2 为进制的限制。试试看别的可能性吧。

我们之前的高精度整数用了 `2 ** 24` 进制，若也用 16 777 216 作为高精度浮点数的进制数，自然就能匹配，实现的内在逻辑也更简单，从而获得更好的性能。这是一种在性能与正确性之间进行权衡的流行实践。

不过我还是觉得应该用十进制。毕竟使用十进制的话，所有小数就都会是精确的。人类在日常生活中接触的数大部分是小数，因此用十进制更人性化。

用高精度整数作为系数很理想。浮点数则不一样，由于受限于存储空间，它们会有各种奇怪的结果。只要存储空间不再受限，我们就能消除大部分怪异性。这些怪异性是很多程序错误发生的原因。在我们能力范围内，应当尽力消除。

理论上可以用高精度整数作为本章浮点数的指数，但这样实在是大材小用，没有必要。我们用 JavaScript 的数值类型就够了。`Number.MAX_SAFE_INTEGER` 这么大的指数就已经要消耗吉字节量级的内存了。

我们用一个对象来表示高精度浮点数，其中包含两个属性：coefficient 和 exponent。

有了上一章的高精度整数基础，高精度浮点数实现起来就简单很多了。

```
import big_integer from "./big_integer.js";
```

is_big_float 函数用于判断一个值是不是合法的高精度浮点数。

```
function is_big_float(big) {
    return (
        typeof big === "object"
        && big_integer.is_big_integer(big.coefficient)
        && Number.isSafeInteger(big.exponent)
    );
}

function is_negative(big) {
    return big_integer.is_negative(big.coefficient);
}

function is_positive(big) {
    return big_integer.is_positive(big.coefficient);
}

function is_zero(big) {
    return big_integer.is_zero(big.coefficient);
}
```

单个 zero 代表所有零。

```
const zero = Object.create(null);
zero.coefficient = big_integer.zero;
zero.exponent = 0;
Object.freeze(zero);

function make_big_float(coefficient, exponent) {
    if (big_integer.is_zero(coefficient)) {
        return zero;
    }
    const new_big_float = Object.create(null);
    new_big_float.coefficient = coefficient;
    new_big_float.exponent = exponent;
    return Object.freeze(new_big_float);
}

const big_integer_ten_million = big_integer.make(10000000);
```

number 函数用于将高精度浮点数转换为 JavaScript 的数值。但传入的高精度浮点数若超出安全整数范围，就不能保证转换结果的正确性了。该函数还会尝试从其他一些类型得出结果。

```
function number(a) {
    return (
        is_big_float(a)
        ? (
            a.exponent === 0
            ? big_integer.number(a.coefficient)
            : big_integer.number(a.coefficient) * (10 ** a.exponent)
        )
        : (
            typeof a ==="number"
            ? a
            : (
                big_integer.is_big_integer(a)
                ? big_integer.number(a)
                : Number(a)
            )
        )
    );
}
```

接下来，需要有取绝对值的函数和符号取反的函数。

```
function neg(a) {
    return make_big_float(big_integer.neg(a.coefficient), a.exponent);
}

function abs(a) {
    return (
        is_negative(a)
        ? neg(a)
        : a
    );
}
```

加法减法特别简单：若指数相同，系数直接相加减即可；若指数不同，则要先使其一致。由于加减法很相似，我先写一个公共函数 conform_op。往这个公共函数传入 big_integer.add，做的就是加法操作；传入 big_integer.sub 则是做减法操作。

```
function conform_op(op) {
    return function (a, b) {
        const differential = a.exponent - b.exponent;
        return (
            differential === 0
            ? make_big_float(op(a.coefficient, b.coefficient), a.exponent)
            : (
                differential > 0
                ? make_big_float(
```

```
                    op(
                        big_integer.mul(
                            a.coefficient,
                            big_integer.power(big_integer.ten, differential)
                        ),
                        b.coefficient
                    ),
                    b.exponent
                )
                : make_big_float(
                    op(
                        a.coefficient,
                        big_integer.mul(
                            b.coefficient,
                            big_integer.power(big_integer.ten, -differential)
                        )
                    ),
                    a.exponent
                )
            )
        );
    };
}

const add = conform_op(big_integer.add);
const sub = conform_op(big_integer.sub);
```

乘法就更简单了。我们只需要将系数相乘，将指数相加即可。

```
function mul(multiplicand, multiplier) {
    return make_big_float(
        big_integer.mul(multiplicand.coefficient, multiplier.coefficient),
        multiplicand.exponent + multiplier.exponent
    );
}
```

除法操作复杂一些，毕竟我们不知道要除到什么时候为止。在整数中，只需一除到底即可。在固定位数的浮点数中，除法也比较简单，只要除到没有位可以除就好了。但是我们现在用的是高精度浮点数，不存在没有位数的情况。虽然可以一直除下去，但是不一定有尽头。所以我们要把这个问题抛给程序员：让 `div` 函数有一个可选参数，用于传入精度。它是一个负数，表示要除到小数点后哪一位为 0 为止。除法函数至少会返回你指定的精度位数。我们设精度的默认值为 `-4`，也就是小数点后四位。

```
function div(dividend, divisor, precision = -4) {
    if (is_zero(dividend)) {
        return zero;
    }
    if (is_zero(divisor)) {
        return undefined;
```

```
    }
    let {coefficient, exponent} = dividend;
    exponent -= divisor.exponent;
```

然后将系数缩放到所需要的精度。

```
    if (typeof precision !== "number") {
        precision = number(precision);
    }
    if (exponent > precision) {
        coefficient = big_integer.mul(
            coefficient,
            big_integer.power(big_integer.ten, exponent - precision)
        );
        exponent = precision;
    }
    let remainder;
    [coefficient, remainder] = big_integer.divrem(
        coefficient,
        divisor.coefficient
    );
```

最后根据需要舍入结果。

```
    if (!big_integer.abs_lt(
        big_integer.add(remainder, remainder),
        divisor.coefficient
    )) {
        coefficient = big_integer.add(
            coefficient,
            big_integer.signum(dividend.coefficient)
        );
    }
    return make_big_float(coefficient, exponent);
}
```

`normalize` 函数用于规范化高精度浮点数，即在不丢失信息的情况下，尽可能让高精度浮点数的指数接近零。

```
function normalize(a) {
    let {coefficient, exponent} = a;
    if (coefficient.length < 2) {
        return zero;
    }
```

若指数为 0，说明已经处理好了。

```
    if (exponent !== 0) {
```

若指数为正，则将系数乘以 `10 ** exponent`。

```
        if (exponent > 0) {
            coefficient = big_integer.mul(
                coefficient,
                big_integer.power(big_integer.ten, exponent)
            );
            exponent = 0;
        } else {
            let quotient;
            let remainder;
```

若指数为负且系数可被 10 整除，则将系数除以 10，然后将指数加 1。

首先试着将系数除以 1000 万，万一成功了就可以一下子去掉 7 个零。

```
            while (exponent <= -7 && (coefficient[1] & 127) === 0) {
                [quotient, remainder] = big_integer.divrem(
                    coefficient,
                    big_integer_ten_million
                );
                if (remainder !== big_integer.zero) {
                    break;
                }
                coefficient = quotient;
                exponent += 7;
            }
            while (exponent < 0 && (coefficient[1] & 1) === 0) {
                [quotient, remainder] = big_integer.divrem(
                    coefficient,
                    big_integer.ten
                );
                if (remainder !== big_integer.zero) {
                    break;
                }
                coefficient = quotient;
                exponent += 1;
            }
        }
    }
    return make_big_float(coefficient, exponent);
}
```

`make` 函数负责将高精度整数、字符串或者 JavaScript 的 `number` 类型转换为高精度浮点数，且是精确的。

```
const number_pattern = /
    ^
    ( -? \d+ )
    (?: \. ( \d* ) )?
    (?: e ( -? \d+ ) )?
    $
/;
```

```
// 捕获组:
//       [1] 整数
//       [2] 小数
//       [3] 指数

function make(a, b) {

//        (big_integer)
//        (big_integer, exponent)
//        (string)
//        (string, radix)
//        (number)

    if (big_integer.is_big_integer(a)) {
        return make_big_float(a, b || 0);
    }
    if (typeof a === "string") {
        if (Number.isSafeInteger(b)) {
            return make(big_integer.make(a, b), 0);
        }
        let parts = a.match(number_pattern);
        if (parts) {
            let frac = parts[2] || "";
            return make(
                big_integer.make(parts[1] + frac),
                (Number(parts[3]) || 0) - frac.length
            );
        }
    }
```

若 a 是一个 number 类型，就通过 2.7 节中的 deconstruct 函数将其二进制的指数和系数都提取出来，然后将其重构成一个高精度浮点数。

```
    if (typeof a ==="number" && Number.isFinite(a)) {
        if (a === 0) {
            return zero;
        }
        let {sign, coefficient, exponent} = deconstruct(a);
        if (sign < 0) {
            coefficient = -coefficient;
        }
        coefficient = big_integer.make(coefficient);
```

如果指数为负，可以将其系数除以 2 ** abs(exponent)。

```
        if (exponent < 0) {
            return normalize(div(
                make(coefficient, 0),
                make(big_integer.power(big_integer.two,-exponent), 0),
                b
```

```
            ));
        }
```

如果指数为正，则将系数乘以 `2 ** exponent`。

```
        if (exponent > 0) {
            coefficient = big_integer.mul(
                coefficient,
                big_integer.power(big_integer.two, exponent)
            );
            exponent = 0;
        }
        return make(coefficient, exponent);
    }
    if (is_big_float(a)) {
        return a;
    }
}
```

`string` 函数用于将高精度浮点数**精确转换**为字符串，主要逻辑就是在其间插入小数点以及填充一些 `0`。还好我们是基于十进制的来写的，因为二进制浮点数的这类转换会更复杂。

```
function string(a, radix) {
    if (is_zero(a)) {
        return "0";
    }
    if (is_big_float(radix)) {
        radix = normalize(radix);
        return (
            (radix && radix.exponent === 0)
            ? big_integer.string(integer(a).coefficient, radix.coefficient)
            : undefined
        );
    }
    a = normalize(a);
    let s = big_integer.string(big_integer.abs(a.coefficient));
    if (a.exponent < 0) {
        let point = s.length + a.exponent;
        if (point <= 0) {
            s = "0".repeat(1 - point) + s;
            point = 1;
        }
        s = s.slice(0, point) + "." + s.slice(point);
    } else if (a.exponent > 0) {
        s += "0".repeat(a.exponent);
    }
    if (big_integer.is_negative(a.coefficient)) {
        s = "-" + s;
    }
    return s;
}
```

小数点有两种表示法：点号（.）或者逗号（,）。一个国家通常只使用一种表示法，所以在各个国家分别使用大家都习惯的符号并不存在歧义。但在国际上就不一样了，若我们使用逗号作为小数点，则 `1,024` 就会有歧义。所以应该使用国际标准的点号作为小数点，毕竟我们用的编程语言也都使用点号。

`scientific` 函数用于将高精度浮点数转换为一个科学计数法的字符串。

```
function scientific(a) {
    if (is_zero(a)) {
        return "0";
    }
    a = normalize(a);
    let s = big_integer.string(big_integer.abs(a.coefficient));
    let e = a.exponent + s.length - 1;
    if (s.length > 1) {
        s = s.slice(0, 1) + "." + s.slice(1);
    }
    if (e !== 0) {
        s += "e" + e;
    }
    if (big_integer.is_negative(a.coefficient)) {
        s = "-" + s;
    }
    return s;
}
```

大功告成！快快导出模块吧。

```
export default Object.freeze({
    abs,
    add,
    div,
    eq,
    fraction,
    integer,
    is_big_float,
    is_negative,
    is_positive,
    is_zero,
    lt,
    make,
    mul,
    neg,
    normalize,
    number,
    scientific,
    string,
    sub,
    zero
});
```

这个库适用于计算器、金融计算，以及其他一些需要精确小数的系统。这只是一个简单版本，之后你也可以根据自身的需求对其进行改造。

本章其实是第 2 章的一个进阶版。我个人认为有固定存储空间的浮点数就够用了，实际上 JavaScript 浮点数的问题并不在于它能表示的数字范围或者精度，而在于其不能精确表示出人类更需要的数——十进制数。DEC64 数值类型在这一点上就做得很好，我觉得下一代语言可以考虑使用它。

对于像无限循环小数（如 100/3）这样的数，浮点数或者高精度浮点数都无法精确表示出来。欲知后事如何，且听下回分解。

第 5 章

高精度有理数

○○●○●

吾修正统课程。初习渡与歃，后学诸类算术——稼、剪、撑、厨。[1]

——假海龟，《爱丽丝梦游仙境·假海龟的故事》

在数学上，可以表示为两个整数之比的数被定义为有理数。若两个整数是高精度整数，这样就可以很好地表示各种数，自然也包括二进制浮点系统以及十进制浮点系统可以表示的任何数。更厉害的是，这样还能表示浮点系统无法表示的有理数。

有理数系统只关心两个数——分子和分母。分子和分母可以组成一个值。

值 = 分子/分母

我们的有理数值会被设计成一个对象，内含两个高精度整数属性，分别是分子（numerator）和分母（denominator）。我们定义分母不能为负，即数值的符号取决于分子的符号。

基于之前实现的高精度整数，我们可以很容易地实现高精度有理数系统。

```
import big_integer from "./big_integer.js";
```

让我们从一些判断函数着手吧。

```
function is_big_rational(a) {
    return (
        typeof a === "object"
        && big_integer.is_big_integer(a.numerator)
        && big_integer.is_big_integer(a.denominator)
```

① “渡与歃”原文是 reeling and writhing，分别与 reading（阅读）和 writing（写作）谐音。“稼、剪、撑、厨”原文是“ambition, distraction, uglification, and derision”，分别与 addition（加法）、subtraction（减法）、multiplication（乘法）和 division（除法）谐音。——译者注

```
    );
}

function is_integer(a) {
    return (
        big_integer.eq(big_integer.wun, a.denominator)
        || big_integer.is_zero(
            big_integer.divrem(a.numerator, a.denominator)[1]
        )
    );
}

function is_negative(a) {
    return big_integer.is_negative(a.numerator);
}
```

然后写一个生成有理数的函数以及一些常用的常量。

```
function make_big_rational(numerator, denominator) {
    const new_big_rational = Object.create(null);
    new_big_rational.numerator = numerator;
    new_big_rational.denominator = denominator;
    return Object.freeze(new_big_rational);
}

const zero = make_big_rational(big_integer.zero, big_integer.wun);
const wun = make_big_rational(big_integer.wun, big_integer.wun);
const two = make_big_rational(big_integer.two, big_integer.wun);
```

回顾往章，接下来应该就是取绝对值的函数以及符号取反的函数了。为了方便起见，我们定义分母永远为正，符号在分子位。

```
function neg(a) {
    return make(big_integer.neg(a.numerator), a.denominator);
}

function abs(a) {
    return (
        is_negative(a)
        ? neg(a)
        : a
    );
}
```

加减运算很简单。若分母相等，直接对分子进行加减运算；若不相等，只需要做两次乘法、一次加法，再来一次乘法，如下所示。

$$(a / b) + (c / d) = ((a \times d) + (b \times c))/(b \times d)$$

加减操作其实是同源的，所以先写一个公共函数。

```
function conform_op(op) {
    return function (a, b) {
        try {
            if (big_integer.eq(a.denominator, b.denominator)) {
                return make(
                    op(a.numerator, b.numerator),
                    a.denominator
                );
            }
            return normalize(make(
                op(
                    big_integer.mul(a.numerator, b.denominator),
                    big_integer.mul(b.numerator, a.denominator)
                ),
                big_integer.mul(a.denominator, b.denominator)
            ));
        } catch (ignore) {
        }
    };
}

const add = conform_op(big_integer.add);
const sub = conform_op(big_integer.sub);
```

inc 函数会将分子位加上分母，dec 则将分子位减去分母。

```
function inc(a) {
    return make(
        big_integer.add(a.numerator, a.denominator),
        a.denominator
    );
}

function dec(a) {
    return make(
        big_integer.sub(a.numerator, a.denominator),
        a.denominator
    );
}
```

乘法很简单。分别将分子与分母相乘即可。除法在本质上其实也是乘法，只是将第二个参数的分子和分母互换。在有理数系统中，我们基本上不用做长除法，只需要将分母变大即可。

```
function mul(multiplicand, multiplier) {
    return make(
        big_integer.mul(multiplicand.numerator, multiplier.numerator),
        big_integer.mul(multiplicand.denominator, multiplier.denominator)
    );
}

function div(a, b) {
```

```
    return make(
        big_integer.mul(a.numerator, b.denominator),
        big_integer.mul(a.denominator, b.numerator)
    );
}

function remainder(a, b) {
    const quotient = div(normalize(a), normalize(b));
    return make(
        big_integer.divrem(quotient.numerator, quotient.denominator)[1]
    );
}

function reciprocal(a) {
    return make(a.denominator, a.numerator);
}

function integer(a) {
    return (
        a.denominator === wun
        ? a
        : make(big_integer.div(a.numerator, a.denominator), big_integer.wun)
    );
}

function fraction(a) {
    return sub(a, integer(a));
}
```

normalize 函数用于消除分子和分母的公因子。高精度整数的分解是个难题，但我们不用这个笨办法。只需要找到两个数的最大公约数，并将其除分子与分母即可。

照理说，没有必要调用 normalize，毕竟调用了也不会改变有理数的本值。我们需要这个函数的原因是，它会让分子和分母变小，以节约内存（然而现在内存成本其实很低），并提高后续的一些运算效率。

```
function normalize(a) {
```

将高精度有理数的分子和分母都除以它们的最大公约数。若最大公约数为 1，则说明不需要做变动了。

```
    let {numerator, denominator} = a;
    if (big_integer.eq(big_integer.wun, denominator)) {
        return a;
    }
    let g_c_d = big_integer.gcd(numerator, denominator);
    return (
        big_integer.eq(big_integer.wun, g_c_d)
        ? a
```

```
            : make(
                big_integer.div(numerator, g_c_d),
                big_integer.div(denominator, g_c_d)
            )
    );
}
```

要判断两个有理数是否相等，不必事先调用 normalize。由

$$a / b = c / d$$

可得

$$a \times d = b \times c$$

因此直接就能做出判断。

```
function eq(comparahend, comparator) {
    return (
        comparahend === comparator
        ? true
        : (
            big_integer.eq(comparahend.denominator, comparator.denominator)
            ? big_integer.eq(comparahend.numerator, comparator.numerator)
            : big_integer.eq(
                big_integer.mul(comparahend.numerator, comparator.denominator),
                big_integer.mul(comparator.numerator, comparahend.denominator)
            )
        )
    );
}

function lt(comparahend, comparator) {
    return (
        is_negative(comparahend) !== is_negative(comparator)
        ? is_negative(comparator)
        : is_negative(sub(comparahend, comparator))
    );
}
```

make 函数会根据传入的分子和分母来生成精确的高精度有理数。传入的分子和分母可以是高精度整数，也可以是像"33 1/3"和"98.6"这样的字符串，还可以是有限的 JavaScript 数值，make 函数会对其进行无损转换。

```
const number_pattern = /
    ^
    ( -? )
    (?:
        ( \d+ )
        (?:
```

```
            (?:
                \u0020 ( \d+ )
            )?
            \/
            ( \d+ )
        |
            (?:
                \. ( \d* )
            )?
            (?:
                e ( -? \d+ )
            )?
        )
    |
        \. (\d+)
    )
    $
/;

function make(numerator, denominator) {
```

如果传入了两个参数，则将两个参数都转换成高精度整数。这个函数的返回值就是一个含有分子和分母的对象。

如果只传入一个参数，则需要进行判断。若参数是字符串，我们需尝试把字符串解析成带分数或者十进制字面量；若参数是 number 类型，则需分解它；若都不是，则认为分母为 1。

```
    if (denominator !== undefined) {
```

然后根据分子和分母生成有理数。分子和分母可以是高精度整数、number 类型中的整数或者字符串。

```
        numerator = big_integer.make(numerator);
```

如果分子为零，就不用考虑分母了。

```
        if (big_integer.zero === numerator) {
            return zero;
        }
        denominator = big_integer.make(denominator);
        if (
            !big_integer.is_big_integer(numerator)
            || !big_integer.is_big_integer(denominator)
            || big_integer.zero === denominator
        ) {
            return undefined;
        }
```

如果分母为负，那么把符号位“发配”到分子那里去。

```
        if (big_integer.is_negative(denominator)) {
            numerator = big_integer.neg(numerator);
            denominator = big_integer.abs(denominator);
        }
        return make_big_rational(numerator, denominator);
    }
```

要是只有一个参数且为字符串呢？解析它！

```
    if (typeof numerator === "string") {
        let parts = numerator.match(number_pattern);
        if (!parts) {
            return undefined;
        }

// 捕获组:
//      [1] 符号
//      [2] 整数
//      [3] 分子
//      [4] 分母
//      [5] 小数
//      [6] 指数
//      [7] 纯小数

        if (parts[7]) {
            return make(
                big_integer.make(parts[1] + parts[7]),
                big_integer.power(big_integer.ten, parts[7].length)
            );
        }
        if (parts[4]) {
            let bottom = big_integer.make(parts[4]);
            if (parts[3]) {
                return make(
                    big_integer.add(
                        big_integer.mul(
                            big_integer.make(parts[1] + parts[2]),
                            bottom
                        ),
                        big_integer.make(parts[3])
                    ),
                    bottom
                );
            }
            return make(parts[1] + parts[2], bottom);
        }
        let frac = parts[5] || "";
        let exp = (Number(parts[6]) || 0) - frac.length;
        if (exp < 0) {
            return make(
                parts[1] + parts[2] + frac,
                big_integer.power(big_integer.ten, -exp)
```

```
            );
        }
        return make(
            big_integer.mul(
                big_integer.make(parts[1] + parts[2] + parts[5]),
                big_integer.power(big_integer.ten, exp)
            ),
            big_integer.wun
        );
    }
```

参数是个数？改造它！

```
    if (typeof numerator === "number" && !Number.isSafeInteger(numerator)) {
        let {sign, coefficient, exponent} = deconstruct(numerator);
        if (sign < 0) {
            coefficient = -coefficient;
        }
        coefficient = big_integer.make(coefficient);
        if (exponent >= 0) {
            return make(
                big_integer.mul(
                    coefficient,
                    big_integer.power(big_integer.two, exponent)
                ),
                big_integer.wun
            );
        }
        return normalize(make(
            coefficient,
            big_integer.power(big_integer.two, -exponent)
        ));
    }
    return make(numerator, big_integer.wun);
}
```

number 函数可以将高精度有理数转换为 JavaScript 的 number。如果转换值超出安全整数范围，返回结果就无法确保精确了。

```
function number(a) {
    return big_integer.number(a.numerator) / big_integer.number(a.demoninator);
}
```

string 函数可以将高精度有理数转换为字符串，其结果是精确的。

```
function string(a, nr_places) {
    if (a === zero) {
        return "0";
    }
    let {numerator, denominator} = normalize(a);
```

将分子除以分母，如果没有余数，就能直接得到结果。

```
    let [quotient, remains] = big_integer.divrem(numerator, denominator);
    let result = big_integer.string(quotient);
    if (remains !== big_integer.zero) {
```

如果传入了 nr_places 这个参数，那么我们还应为其加上小数点。做法就是先将余数放大 10 的 nr_places 次方进行整除，得到整除后的余数。如果新余数大于等于分母的一半，则进行四舍五入。

```
        remains = big_integer.abs(remains);
        if (nr_places !== undefined) {
            let [fractus, residue] = big_integer.divrem(
                big_integer.mul(
                    remains,
                    big_integer.power(big_integer.ten, nr_places)
                ),
                denominator
            );
            if (!big_integer.abs_lt(
                big_integer.mul(residue, big_integer.two),
                denominator
            )) {
                fractus = big_integer.add(fractus, big_integer.wun);
            }
            result += "." + big_integer.string(fractus).padStart(
                big_integer.number(nr_places),
                "0"
            );
        } else {
```

结果将以带分数的形式返回。

```
            result = (
                (
                    result === "0"
                    ? ""
                    : result + " "
                )
                + big_integer.string(remains)
                + "/"
                + big_integer.string(denominator)
            );
        }
    }
    return result;
}
```

导出模块吧！

```
export default Object.freeze({
    abs,
    add,
    dec,
    div,
    eq,
    fraction,
    inc,
    integer,
    is_big_rational,
    is_integer,
    is_negative,
    lt,
    make,
    mul,
    neg,
    normalize,
    number,
    wun,
    reciprocal,
    remainder,
    string,
    sub,
    two,
    zero
});
```

你可以在自己的代码里导入这个库。

```
import big_rational from "./big_rational.js";
```

这个有理数的库非常精简，虽然低效但厉害得出奇。它无法表示 π 或者 $\sqrt{2}$ 这些无理数，但我们可以按需取位。例如：

```
const pi = big_rational.make(

    "3141592653589793238462643383279502884197169399375105820974944592307816406",

    "1000000000000000000000000000000000000000000000000000000000000000000000000"
);

const sqrt_two = big_rational.make(

    "1414213562373095048801688724209698078569671875376948073176679737990732478",

    "1000000000000000000000000000000000000000000000000000000000000000000000000"
);
```

上面的结果都是 72 位小数。如果你乐意，可以牺牲性能来换取精度。精度越高，性能越低。实际上，我们经常为了追求性能而牺牲正确性。

这个库可以做到很多 JavaScript 自身无法做到的计算。怎么样，我就说没必要为 JavaScript 内置一个新的数值类型吧。我们以前怎么写 JavaScript，现在还可以怎么写。

不过目前的这种做法也有不便之处。我们不能通过 `a + b` 来进行加法运算，只能调用函数 `big_rational.add(a, b)`。不过别慌，我觉得问题不大，这对于你来说无非是多打几个字而已，但是运算结果的正确性得到了保证。相信我，语法其实真的没有我们想象中那么重要。如果你真的想要语法支持，转译器就能很方便地将这种语法转义成 `big_rational` 函数调用。

第 6 章

布尔类型

○○●●○

真理不仁，勿有他想。

——彼得 · 席寇[①]

布尔（boolean）类型是以英国数学家乔治 · 布尔（George Boole）命名的，他发明了代数逻辑系统。克劳德 · 香农将布尔乔治 · 布尔的系统应用在了数字电路的设计上，所以我们称计算机电路为逻辑电路。

布尔类型只有两个值：**真**（`true`）和**假**（`false`）。布尔值通常由比较运算符生成，被逻辑运算符操作，然后供三目运算符以及 `if`、`do`、`for` 和 `while` 等条件语句使用。

当一个值为 `true` 或者 `false` 时，`typeof` 返回的结果为 `"boolean"`。

6.1 关系运算符

JavaScript 中的几种关系运算符如表 6-1 所示。

表 6-1 关系运算符

`===`	等于
`!==`	不等于
`<`	小于
`<=`	小于等于
`>`	大于
`>=`	大于等于

① 彼得 · 席寇（Peter Schickele）是当代美国作曲家、音乐教育家及诙谐文学作家。他除了用原名发表原创的音乐作品外，亦以艺名 P. D. Q. 巴赫发表一系列恶搞式的古典音乐作品。——译者注

你看！相等运算符居然不是等号（=），而是三等号（===）。你再看，不等运算符也不是不等号（≠），而是叹号加双等号（!==）。这些运算符在多数情况下有明确的语义，而有时候却令人困惑且毫无意义。比如下面这些比较结果就十分令人困惑。

```
undefined < null
// false
undefined > null
// false
undefined === null
// false

NaN === NaN
// false
NaN !== NaN
// true

"11" < "2"
// true
"2" < 5
// true
5 < "11"
// true
```

除了两个操作数都为 NaN 之外，===和!==的结果基本上都是正确的。这两个运算符可用于确定一个值是否为 null 或者 undefined，以及除了 NaN 之外的任何值。但如果要判断一个值 *x* 是不是 NaN，请使用 Number.isNaN(*x*)。

除非你肯定值的大小在安全整数范围内，否则不要通过===的条件判断来结束循环。即使在安全整数范围内，我也还是推荐使用>=。

当两个值都为字符串或者都为数值的时候，<、<=、>和>=的结果都是准确的。不过在其他情况下，这些比较大多是无意义的。JavaScript 并不会阻止你比较不同的类型，这些情况需要你自行规避。所以要尽可能避免在不同类型之间进行比较。

JavaScript 还有一些更不可靠的比较运算符。我建议你永远不要使用==和!=。这两个运算符在进行比较之前会做一些强制的类型转换，所以比较结果很可能有误。答应我，永远不要用这两个运算符；答应我，务必使用===和!==。

6.2 布尔式犯蠢类型

JavaScript 虽然有美妙的布尔类型，但是并没有用好它。下面是一些适用布尔类型值的地方：

- if 语句的条件判断位；

- `while` 语句的条件判断位；
- `for` 语句的条件判断位；
- `!`的操作值；
- `&&`两边的操作值；
- `||`两边的操作值；
- 三元运算符（`? :`）的第一个操作值；
- `Array` 的 `filter`、`find`、`findIndex` 和 `indexOf` 方法中传入的函数的返回值。

在一个设计良好的语言中，上述位置应该只允许使用布尔类型。然而 JavaScript 偏偏没有，它允许任意类型的值存在于这些位置中。在 JavaScript 中，所有类型都是“布尔式犯蠢类型”（boolish type）[1]家族的一员。布尔式犯蠢类型里的值都可被归纳成**幻真**（truthy）或者**幻假**（falsy）。

幻假的值有：

- `false`
- `null`
- `undefined`
- `""`（空字符串）
- `0`
- `NaN`

剩下的值就全都是幻真的了，比如空对象、空数组，甚至`"false"`和`"0"`这样看起来像幻假的字符串。

这些幻假的值虽然表面上看起来像 `false`，但实际上大多是装出来的。幻真的值也一样。这些犯蠢的类型是设计上的缺陷，但这并不能全怪 JavaScript。JavaScript 沿用的是 C 语言的习惯。

C 语言本身是一门类型不足的语言。`0`、`FALSE`、`NULL`、字符串结束符，还有一些类似东西的值其实都一样。所以在 `if` 语句的条件判断位，C 语言其实判断的是表达式结果是否为 `0`。C 语言程序员有一个流派，就是利用这个“特性”让条件判断尽可能简洁。

跟 C 语言不一样的是，JavaScript 有健全的布尔类型，但布尔式犯蠢类型糟蹋了布尔类型的很多价值。理论上，一个条件判断的结果只应为 `true` 或 `false`，其余的值都应该在编译时就抛错。然而 JavaScript 并非如此，它的条件表达式可以写得如 C 语言般简洁。当条件判断语句意外地传入了错误类型的值时，JavaScript 不会报错。这就很可能让程序进入另一个本不该进入的条

---

[1] boolish 是一个谐音缩写，取义于 beyond foolish。——译者注

件分支。Java 就不一样，它要求条件判断位中的值必须是布尔类型，这样可以避免很多潜在的错误。唉，真希望 JavaScript 也是这样的。

虽然 JavaScript 并没有学习这些好榜样，但我还是希望你能假装它已经做到了，然后在条件判断位中始终使用布尔类型。如果我们在编码的时候严于律己，就能写出更好的程序。

6.3 逻辑运算符

逻辑运算符对布尔式犯蠢类型同样有效，如表 6-2 所示。

表 6-2　对布尔式犯蠢类型有效的逻辑运算符

!	逻辑非	如果运算值为幻真，则运算结果为 false；否则为 true
&&	逻辑与	如果第一个运算值为幻假，则直接返回第一个运算值；否则返回第二个运算值
||	逻辑或	如果第一个运算值为幻真，则直接返回第一个运算值；否则返回第二个运算值

6.4 非

逻辑表达式可以写得很复杂，但也有公式可以简化它们。很可惜，布尔式犯蠢类型以及 NaN 可能会让公式转换出错。

双重否定就是一个明显可被简化的逻辑表达式。在逻辑系统中，有：

```
!!p === p
```

而在 JavaScript 中，上式仅当 p 是布尔类型时才成立。如果 p 是其他类型的值，那么!!p 不一定等于 p，而是等于 Boolean(p)。

有些比较运算符是互斥的，如<与>=互斥，>与<= 互斥。所以像!(a < b)可以被简化为 a >= b，下面是一些类似的公理。

```
!(a === b) === (a !== b)
!(a <=  b) === (a >   b)
!(a >   b) === (a <=  b)
!(a >=  b) === (a <   b)
```

如果 a 和 b 中有一个为 NaN，就不能做这种简化了。任意数值与 NaN 进行任意比较都会返回 false。例如：

```
7 < NaN
// false
NaN < 7
// false
!(7 < NaN) === 7 >= NaN
// false
```

如果 JavaScript 一开始就定义好 `NaN` 小于所有数，或者在 `NaN` 与别的数进行比较的时候直接抛错，就不会有现在那么多问题。然而 JavaScript 没有这么做，只是返回一些无意义的结果。对于 `NaN` 而言，唯一有意义的运算就是 `Number.isNaN(NaN)`。除此之外，不要在任何场景用 `NaN`。

德·摩根定律可用于简化逻辑表达式。我自己就经常这么操作：

```
!(p && q) === !p || !q
!(p || q) === !p && !q
```

只要 `p` 和 `q` 严格遵照逻辑体系，德·摩根定律在 JavaScript 中就不会有问题。所以，避免使用布尔式犯蠢类型吧，请使用真正的布尔类型。

第7章

数　　组

○○●●●

凡此皆编以号，其怪兽为零。

——X星统制官，《哥斯拉之怪兽大战争》

数组真是最伟大的数据结构。数组是被等分成许多小块的连续内存段，每个小块都与一个整数关联，可以通过该整数快速访问对应的小块。JavaScript 的第一个版本并没有将数组设计进去，但由于 JavaScript 的对象实在太强大了，以至于几乎没人发现这个纰漏。如果不考虑性能，数组能做的事，对象基本上都能做。

所有字符串都可以被作为数组进行索引。其实，JavaScript 的数组几乎就是对象，它们仅有四处不同。

- 数组有一个神奇的 `length` 属性。该属性并不是指数组中元素的数量，而是指数组元素的最高序数加 `1`。这种神奇的设定可以让 JavaScript 数组假装自己“真的是数组”，从而让它在过时的 `for` 语句中被处理。之所以说它过时，是因为我们在半个世纪前的 C 语言程序中就可以找到这种写法。
- 数组对象都继承自 `Array.prototype`，该原型比 `Object.prototype` 多了一些更实用的函数。
- 数组与对象的写法不同。数组的写法相对更简单：在左方括号（`[`）和右方括号（`]`）之间包含零个、一个或多个表达式，并以逗号（`,`）分隔。
- 虽然 JavaScript 眼中的数组和对象几乎一样，但 `JSON` 眼中的它们很不一样。

JavaScript 自身也对数组感到迷惑。如果对数组进行 `typeof` 操作，返回将是`"object"`，这显然是有问题的。如果要判断一个值是不是数组，得使用 `Array.isArray(`*`value`*`)`。

```
const what_is_it = new Array(1000);
typeof what_is_it
// "object"
Array.isArray(what_is_it)
// true
```

7.1　原点

自古以来，人们都习惯用 1 来代表计数的开始。从 20 世纪 60 年代中期开始，一小股有影响力的程序员认为，计数应当从 0 开始。到了今天，几乎所有程序员都习惯了这种以 0 开始的计数法。不过，其他人（包括大多数数学家）还是习惯以 1 开始。数学家通常将原点标记为 0，但还是将有序集合的第一个元素标为 1。至于他们为什么这么做，至今仍是个谜。

有一个论点是从 0 开始可以提高效率，但并没有什么有利的证据；还有一个主张其正确性的论点是从 0 开始可以减少“差一错误”（off-by-wun）[①]，但人们对此也表示怀疑。也许有一天我们能找到有力的证据来证明，对于程序员来说从 0 开始更好。

在 JavaScript 中，这种计数法影响着数组的计数法，也影响着字符串中的字符序数。逐一处理数组中元素的做法可以追溯到 FORTRAN 时代。更现代化的处理方式是函数化地处理数组元素。这种做法可以消除显式循环，简化代码，并为多线程、多进程并发处理提供了可能性。

设计良好的编程语言不应该让人在“数组到底从 0 还是 1 开始”上困扰。我虽然不强求 JavaScript 成为一门“设计良好的编程语言”，但这种理念确实是对 FORTRAN 的重大改进。只要摆脱这种 FORTRAN 模型，就可以几乎不用关心元素是如何编号的了。

不过，我们有时还是不得不在意这一点。例如，first 这个单词就有歧义，所以书中用 zeroth（第零个）来代替 first，从而使我们的原点变得清晰。

[0]	zeroth	第零个
[1]	wunth	第一个
[2]	twoth	第二个
[3]	threeth	第三个

如果一直数下去，fourth（第四个）、fifth（第五个）和 sixth（第六个）等的序号含义就会模糊起来。但是往回数到最小整数的话，序号究竟从何开始这个问题则又会清晰起来。

① 差一错误是在计数时由于边界条件判断失误而导致结果多一或少一的错误，通常指计算机编程中循环多了一次或者少了一次的程序错误，属于逻辑错误的一种。——译者注

7.2 初始化

有两种方式可以创建新的数组：

- 数组字面量；
- new Array(*integer*)。

举例如下：

```
let my_little_array = new Array(10).fill(0);
                    // my_little_array 为[0, 0, 0, 0, 0, 0, 0, 0, 0, 0]
let same_thing = [0, 0, 0, 0, 0, 0, 0, 0, 0, 0];

my_little_array === same_thing
// false
```

虽然 my_little_array 和 same_thing 中的值是一样的，但它们是不同的数组。数组不是字符串，但是一些行为与对象类似，只有两个数组真的来自同一个引用的时候，它们才相等。

7.3 栈与队列

数组有一些方法让其与栈类似。pop 方法返回数组中的最后一个元素，并将其从数组中移除。push 方法则将传入的值附加到数组的末尾。

我们通常在解释器或者计算器中使用栈。

```
function make_binary_op(func) {
    return function (my_little_array) {
        let wunth = my_little_array.pop();
        let zeroth = my_little_array.pop();
        my_little_array.push(func(zeroth, wunth));
        return my_little_array;
    };
}

let addop = make_binary_op(function (zeroth, wunth) {
    return zeroth + wunth;
});

let mulop = make_binary_op(function (zeroth, wunth) {
    return zeroth * wunth;
});

let my_little_stack = [];              // my_little_stack 为[]
my_little_stack.push(3);               // my_little_stack 为[3]
```

```
my_little_stack.push(5);              // my_little_stack 为[3, 5]
my_little_stack.push(7);              // my_little_stack 为[3, 5, 7]
mulop(my_little_stack);               // my_little_stack 为[3, 35]
addop(my_little_stack);               // my_little_stack 为[38]
let answer = my_little_stack.pop(); // my_little_stack 为[], answer 为 38
```

shift 方法与 pop 类似，只不过移除并返回的是数组中的第零个元素。unshift 则与 push 类似，只不过将元素插入数组的开头。就性能来说，shift 和 unshift 比 pop 和 push 差很多，这种差异在数组很大的时候尤为明显。当我们将 shift 和 push 一起使用的时候，数组就会像一个队列——先进先出。

7.4　搜索

JavaScript 还提供了一些用于搜索的方法。indexOf 方法将传入的值与数组中的元素从头开始一一对比。如果两值相等，该方法就会停止后续对比，直接返回该元素的序号。

如果遍历了整个数组还没有匹配的值，则返回-1。我个人认为这个设计有错误，因为-1 也是一个数，与其他返回的序号都是数值类型。如果你在搜索数组后并没有在第一时间校验返回值是否为-1，后续的运算结果很有可能会在没有任何警告的情况下开始出错。JavaScript 还有很多类似的设计错误，这些底型在一开始设计的时候就有问题。

lastIndexOf 函数与 indexOf 类似，只不过前者是从后往前搜索的。与 indexOf 一样，它也用-1 来代表搜索失败。

includes 函数也与 indexOf 类似，只不过前者不返回序数，而是返回 true 来代表数组中存在搜索值，返回 false 来代表不存在。

7.5　归约

reduce 函数用于将数组的值归约为单个值。它的参数是一个有两个参数的函数。reduce 会循环调用这个传入的参数，直到遍历完整个数组。

reduce 函数有两种调用形式。一种是让 reduce 函数遍历整个数组的每一个元素。这种调用形式需要传入一个归约的初始值。

```
function add(reduction, element) {
    return reduction + element;
}
```

```
let my_little_array = [3, 5, 7, 11];

let total = my_little_array.reduce(add, 0);  // total 为 26
```

reduce 函数会遍历整个数组，每次遍历一个元素，并将其加到归约值中去。这里将 0 作为归约的初始值。每次调用 add 函数的时候，实际参数的值如下。

```
(0, 3)     // 3
(3, 5)     // 8
(8, 7)     // 15
(15, 11)   // 26
```

add 函数的返回值会被作为下一次遍历的归约值（即 reduction）来继续加下去。

注意，归约初始值不一定都为 0。如果想在归约中做乘法运算，那么初始值应该为 1；如果想在归约中调用 Math.max，那么初始值应该为-Infinity。所以在选择归约初始值的时候要慎重。

另一种调用形式无须传入初始值。在这种形式下，归约函数的调用次数会比有初始值时少一次。在首次调用时，归约函数中的两个参数分别为数组中的第零个和第一个元素——第零个元素会被自动认为是归约初始值。

```
total = my_little_array.reduce(add);  // 26
```

add 函数在每次调用的时候，实际参数的值如下。

```
(3, 5)     // 8
(8, 7)     // 15
(15, 11)   // 26
```

看，比之前少了一次调用吧。而且在这种情况下，就不会像之前一样出现由于错误的初始值而导致的惨剧了。

这个函数其实是 JavaScript 中一个非常厚道的设计——两种方式，你爱怎么用就怎么用。归纳一下就是，当你传入一个初始值的时候，reduce 函数会为你遍历数组中的每一个元素；而当你不传初始值的时候，reduce 则会拿第零个元素作为初始值，从第一个元素开始遍历。

reduce 还有一个姊妹函数叫 reduceRight。它们的逻辑是一样的，只不过 reduceRight 从数组尾部往前遍历。说起来，我个人认为它叫 reduceReverse 更合适。

下面这个例子是我用 reduce 函数来计算本书 ISBN 的校验位（check digit，即 ISBN 的最后一位数字）。

```
function isbn_13_check_digit(isbn_12) {
  const string_of_digits = isbn_12.replace(/-/g, "");
  if (string_of_digits.length === 12) {
      const check = string_of_digits.split("").reduce(
          function (reduction, digit, digit_nr) {
              return reduction + (
                  digit_nr % 2 === 0
                  ? Number(digit)
                  : Number(digit) * 3
              );
          },
          0
      ) % 10;
      return (
          check > 0
          ? 10 - check
          : check
      );
  }
}

isbn_13_check_digit("978-1-94-981500")  // 9
```

7.6　遍历

数组最常用的操作之一就是对每个元素都做一些事情。讲白了，就是用一个 for 来解决问题。不过 JavaScript 还提供了一种更现代化的方式。

forEach 方法将一个函数作用于数组——它将为数组中的每个元素执行一遍传入的函数。传入的函数可以接收三个参数：element、element_nr 和 array。element 表示当前正在处理的元素。element_nr 则是当前元素的序号，以备不时之需。array 其实是一个美丽的错误，真的非常多余。有了它，你有时候就会忍不住去修改数组，但修改正在运算中的数组真的不是一个明智的举动。

有一点比较遗憾，JavaScript 中并没有一个像 reduceRight 一样可以逆序遍历的方法。如果你想逆序遍历，可以先调用 reverse 方法，但这个函数具有破坏性，无法用在冻结数组（frozen array）中。

在 forEach 方法中传入的函数，无论返回什么都会被 forEach 忽略。还有一些遍历函数则会根据传入函数调用时的返回值来做出不同的反应。

- every 方法关注其传入函数的返回值。如果传入的函数返回幻假值，every 方法会停止遍历并直接返回 false；如果传入的函数返回幻真值，every 方法则会继续遍历。遍历完整个数组，every 方法就会返回一个 true。

- some 方法与 every 类似。我至今依然困惑：都说一山不容二虎，为什么 JavaScript 还要让这两个方法共存呢？如果传入的函数返回幻真值，some 会停止遍历并直接返回 true；如果传入的函数返回幻假值，some 方法则会继续遍历。遍历完整个数组，some 方法会返回一个 false。
- find 方法与 some 类似，只不过最终返回的不是语义上的 true 或者 false，而是当遍历到函数返回一个幻真值的时候，直接返回当前处理的元素。
- findIndex 方法与 find 类似，只不过返回的不是一个元素，而是相应元素的序号。
- filter 方法也与 find 类似，只不过返回的是一个新数组，其中依次包含那些遍历处理时返回幻真值的元素。总的来说，就是 find 返回的是第一次匹配到的元素，而 filter 则返回所有的匹配项。
- map 方法与 forEach 类似，只不过会将所有经过处理后的元素放到一个新的数组中返回。map 方法是转换元素得出新数组的“神器”。

这一系列方法都是比 for 循环更便捷的利器，只不过这个套装好像还缺点什么。

forEach 和 find 方法都有提前退出的能力（every 和 some 就是 forEach 的可提前退出形态）。map、reduce 和 filter 则没有这个能力。

reduce 方法有逆序版本 reduceRight，而可怜的 forEach、map、filter 和 find 都没有这种令人羡慕的逆序版本。

我甚至怀疑正是这些缺憾才导致 for 语句一直没有被废除。

7.7 排序

JavaScript 有一个 sort 方法。然而，这个方法存在不少问题。

排序方法是原地生效的——它会修改原数组。也就是说 sort 方法无法对冻结数组进行排序，而且对共享型数组（shared array）进行排序操作也不安全。

```
let my_little_array = ["unicorns", "rainbows", "butterflies", "monsters"];
my_little_array.sort()
    // my_little_array 为["butterflies", "monsters", "rainbows", "unicorns"]
```

sort 方法的默认比较函数会将所有比较对象都转成字符串，即便里面的元素都是数。下面是一个例子。

```
let my_little_array = [11, 2, 23, 13, 3, 5, 17, 7, 29, 19];
my_little_array.sort();
      // my_little_array 为[11, 13, 17, 19, 2, 23, 29, 3, 5, 7]
```

这种“特性”不仅拖慢了性能，而且是一个明显的设计错误！不过总算天无绝人之路，我们还能自己给 sort 方法传入一个比较函数。自定义比较函数接收两个参数。在比较大小的时候，如果认为第一个参数应当排在第二个参数前面，则自定义比较函数需要返回一个负数；如果第二个参数应当排在前面，则需要返回正数；如果自定义比较函数返回 0，则表示比较函数无法判断孰大孰小。

下面这个自定义比较函数可以正确地为有穷数值类型进行排序。

```
function compare(first, second) {
    return first - second;
}
```

如果你想比较的数值中存在非有穷数值（如 NaN 或者 Infinity），那么上面的函数还需要进行一番改进。

sort 方法还有一个比较严重的问题，那就是缺乏稳定性。在比较两个相等值的时候（比较函数会返回 0），如果排序方法将这两个值排在它们原来的位置上，则可以说该排序方法是稳定的。然而 JavaScript 的 sort 方法不具备这种稳定性。尽管这种稳定性对于排序字符串或者数值数组的时候并不那么重要，但当我们需要对一个存储对象或者数组的数组进行排序的时候，就另当别论了。想象一下，你正在对姓名进行排序：先判断姓的顺序，若姓相同再判断名的顺序。如果 sort 方法稳定，我们就可以这么做：先对姓排一遍序，结束后再对名排一遍序。可惜的是 JavaScript 并不具备该稳定性，第二遍排序会把第一遍已经排好的姓打乱。

因此，我们不得不写一个更为复杂的自定义比较函数。为了简化代码，我先写了一个用于生成自定义比较函数的工厂函数。

```
function refine(collection, path) {
```

传入一个数组或者对象以及一个字符串类型或者数组类型的 path，然后将 path 最后的值返回。如果里面没有值，则返回 undefined。

```
    return path.reduce(
        function (refinement, element) {
            try {
                return refinement[element];
            } catch (ignore) { }
        },
        collection
```

```
    );
}

function by(...keys) {
```

这个工厂函数用于生成数组元素或者对象元素的自定义比较函数。工厂函数的参数为一个或者多个字符串（或者证书），用于标记待排序的元素。如果第一个参数无法比较出来，则尝试第二个、第三个……

将各个 key 转换为一个字符串数组，即后面用到的 path。

```
    const paths = keys.map(function (element) {
        return element.toString().split(".");
    });
```

然后返回比较函数，对比 path 中各位置的值，直到出现不匹配项为止。如果没有不匹配项，则说明两个值是相等的。

```
    return function compare(first, second) {
        let first_value;
        let second_value;
        if (paths.every(function (path) {
            first_value = refine(first, path);
            second_value = refine(second, path);
            return first_value === second_value;
        })) {
            return 0;
        }
```

如果两个值的类型一样，那么可以直接比较；如果类型不一样，则需要一些特殊规则。我这里的特殊规则很简单，就是直接比较类型名的大小，即 boolean < number < string < undefined。其实对于这种异种类型的比较，最好直接返回失败。

```
        return (
            (
                typeof first_value === typeof second_value
                ? first_value < second_value
                : typeof first_value < typeof second_value
            )
            ? -1
            : 1
        );
    };
}
```

举例如下：

```
let people = [
    {first: "Frank", last: "Farkel"},
    {first: "Fanny", last: "Farkel"},
    {first: "Sparkle", last: "Farkel"},
    {first: "Charcoal", last: "Farkel"},
    {first: "Mark", last: "Farkel"},
    {first: "Simon", last: "Farkel"},
    {first: "Gar", last: "Farkel"},
    {first: "Ferd", last: "Berfel"}
];

people.sort(by("last", "first"));

//  [
//      {"first": "Ferd", "last": "Berfel"},
//      {"first": "Charcoal", "last": "Farkel"},
//      {"first": "Fanny", "last": "Farkel"},
//      {"first": "Frank", "last": "Farkel"},
//      {"first": "Gar", "last": "Farkel"},
//      {"first": "Mark", "last": "Farkel"},
//      {"first": "Simon", "last": "Farkel"},
//      {"first": "Sparkle", "last": "Farkel"}
//  ]
```

7.8　大杂烩

concat 方法可以将两个或更多数组拼接起来并返回一个新数组。

```
let part_zero = ["unicorns", "rainbows"];
let part_wun = ["butterflies", "monsters"];
let whole = part_zero.concat(part_wun);
            // whole 的值为["unicorns", "rainbows", "butterflies", "monsters"]
```

join 方法用分隔符将字符串数组拼接成一个新的字符串。它可能会产出一个包罗万象的巨型字符串。如果你不想用分隔符进行拼接，则可以传入一个空字符串。join 其实是字符串 split 方法的逆方法。

```
let string = whole.join(" & ");
            // string 的值为"unicorns & rainbows & butterflies & monsters"
```

reverse 方法会将数组逆序重排。与 sort 方法一样，这个方法也具有破坏性。

```
whole.reverse();
            // whole 的值为["monsters", "butterflies", "rainbows", "unicorns"]
```

slice 方法会产出原数组的副本，或者原数组的部分副本。该方法的第零个参数决定了从第几个元素开始；第一个参数的值为第零个参数加上需要复制的元素个数。如果第一个参数没传，则余下的所有元素都会被复制。

```
let element_nr = whole.indexOf("butterflies");
let good_parts;
if (element_nr !== -1) {
    good_parts = whole.slice(element_nr);
}
            // good_parts 的值为["butterflies", "rainbows", "unicorns"]
```

7.9 数组之“森”

数组就像一个森林，里面有很多方法函“树”。有些方法纯净如水，并不会私下改变任何入参；而有些则不。在这些非纯方法中，有一些本该纯净；而还有一些天生就无法纯净，却依然有价值。

所以在用这些方法的时候，我们需要知道哪些是纯的，哪些不是。

- “纯净之树”：

```
concat
every
filter
find
findIndex
forEach
indexOf
join
lastIndexOf
map
reduce
reduceRight
slice
some
```

- “非纯之树”：

```
fill
pop
push
shift
splice
unshift
```

- “污染之树”（本该纯净）：

```
reverse
sort
```

第 8 章

对　　象

○●○○○

感恩所弃之物，则物缘可尽，心可安。

——近藤麻理惠[1]

JavaScript 为“对象”一词赋予了新的含义。在 JavaScript 中，除了两种底型之外（`null` 和 `undefined`），万物皆对象。但通常来说（尤其在本章中），“对象”的含义更具体。

在 JavaScript 中，首等数据结构被称为**对象**（object）。对象即一系列属性（或成员）的容器，各属性都由键名和键值组成，其中键名为字符串，键值可以为任意类型。在其他语言中，这类数据结构通常被称为**哈希表**（hash table）、**映射表**（map）、**记录**（record）、**结构体**（struct）、**关联数组**（associative array）或**字典**（dictionary），还有些语言干脆直接用 `dict` 来代替它。

我们可以通过对象字面量来新建对象。对象字面量可以被存储于变量、对象或者数组中，也可以被传入函数，还可以被函数作为返回值。

对象字面量由左花括号（`{`）和右花括号（`}`）包裹，内部可以有零个、一个或多个属性，由逗号（`,`）分隔。属性可以表示为以下形式。[2]

- 一个字符串、一个冒号（`:`）和一个表达式。属性键名是一开始的字符串，而属性键值就是表达式的结果。
- 一个名字、一个冒号和一个表达式。属性键名就是一开始的名字转换成字符串的结果，而属性键值就是表达式的结果。

---

① 近藤麻理惠是《怦然心动的人生整理魔法》一书的作者，以整理家庭内务而著名。由于在该领域的杰出表现，她于 2015 年被美国《时代》杂志评选为影响世界的 100 人之一。——译者注

② 事实上，ECMAScript 6 中的对象还支持键名是 `Symbol`。关于 `Symbol` 的更多内容，可以参阅 ECMAScript 6 的规范。请耐心读完本章，作者在最后提到了 `Symbol`。——译者注

- 一个名字。属性键名是该名字转换成字符串的结果，而属性键值就是一个同名变量或者参数对应的值。
- 一个名字、一个由左圆括号（(）和右圆括号（)）包裹的参数列表以及一个由左花括号和右花括号包裹的函数体。这种写法是对“一个名字、一个冒号和一个函数表达式”写法的缩写。这种缩写可以省略 function，不过由于缺乏清晰度，我并不推荐这种写法。

举例如下：

```
let bar ="a long rod or rigid piece of wood or metal";
let my_little_object = {
    "0/0": 0,
    foo: bar,
    bar,
    my_little_method() {
        return "So small.";
  }
};
```

我们可以通过带命名的点表示法来访问对象的某个属性。

```
my_little_object.foo === my_little_object.bar
// true
```

也可以通过方括号表示法来访问属性。这种表示法通常用于访问那些属性名并不合法的属性。我们还可以用这种表示法动态访问需要计算的属性名。方括号中的表达式会被计算出来，若有必要，该结果会被转换为字符串。

```
my_little_object["0/0"] === 0
// true
```

如果通过点表示法或者方括号表示法访问对象中不存在的属性，那么 JavaScript 就会返回 undefined 这个底型。在 JavaScript 中，访问对象中不存在的属性并不会被视为异常——返回 undefined 是常规操作。

```
my_little_object.rainbow
// undefined
my_little_object[0]
// undefined
```

可以通过赋值语句为对象新增或者修改属性。

```
my_little_object.age = 39;
my_little_object.foo = "slightly frilly or fancy";
```

我建议不要在对象中存储 undefined。尽管 JavaScript 允许我们在对象中存储这个值，并且会正确返回 undefined 值，但是当对象中不存在某个属性的时候，JavaScript 返回的也是 undefined。这会产生二义性。我个人认为，为某个属性赋值 undefined 意在删除该属性，然而 JavaScript 并没有这样做。要删除某个属性，正确的做法是使用 delete 运算符。

```
delete my_little_object["0/0"];
```

一个对象的引用可以被存储在另一个对象的属性中，我们可以通过这一点构造出更复杂的数据结构，例如各种嵌套数据结构和图结构。在构建对象的时候，虽然 JavaScript 并没有限制对象嵌套的深度，但我还是建议不要太深。

当对一个对象执行 typeof 操作的时候，返回值是字符串"object"。

```
typeof my_little_object === "object"
// true
```

8.1　区分大小写

对象属性的键名是区分大小写的，也就是说，my_little_object.cat 与 my_little_object.Cat 是不一样的属性，当然与 my_little_object.CAT 也不一样。在匹配键名的时候，JavaScript 是用===运算符对两个字符串进行匹配的。

8.2　复制

Object.assign 函数可以将一个对象中的属性复制到另一个对象中。你可以通过这个函数来将一个对象复制到一个空对象上。

```
let my_copy = Object.assign({}, my_little_object);
my_copy.bar                 // "a long rod or rigid piece of wood or metal"
my_copy.age
// 39
my_copy.age += 1;
my_copy.age
// 40
delete my_copy.age;
my_copy.age
// undefined
```

一个对象可以被很多对象赋值。所以我们可以用这个方法来将多个简单对象组装成一个复杂对象。

8.3　继承

在 JavaScript 中，一个对象可以从另一个对象中继承而来。与那些具有较高耦合性程序结构

（如类）的语言相比，这并不是一种常态的继承形式。在 JavaScript 中具有耦合性的是数据，从而让整个应用架构不那么脆弱。

`Object.create(`*`prototype`*`)`可以将一个已有的对象继承到一个新对象中。该已有对象将作为新对象的原型。同理，这个新对象还可以继续作为下一个新对象的原型。JavaScript 并没有限制原型链的长度，但是我的建议是不要让整条原型链过长。

如果我们访问在某一个对象上不存在的属性，JavaScript 会在返回 `undefined` 之前尝试在该对象的原型上寻找对应属性，然后是原型的原型……以此类推。如果在原型链上可以找到对应名字的属性，那么该属性就会被返回，好像它就在我们正在访问的对象上一样。

当我们对一个对象的内容赋值的时候，被修改的只是原型链顶端的对象，原型链中间的属性并不会被修改。

```
let my_clone = Object.create(my_little_object);
my_clone.bar              // "a long rod or rigid piece of wood or metal"
my_clone.age
// 39
my_clone.age += 1;
my_clone.age
// 40
delete my_clone.age;
my_clone.age
// 39
```

我们用原型做得最多的事情就是来存储函数。实际上，JavaScript 这门语言本身的各种对象都是这么做的。当我们用对象字面量创建对象的时候，JavaScript 默认其继承自 `Object.prototype`。类似地，数组方法继承自 `Array.prototype`；数值类型方法则继承自 `Number.prototype`；字符串方法继承自 `String.prototype`；甚至连函数方法也是继承自 `Function.prototype` 的。数组方法和字符串方法都比较有用，而 `Object.prototype` 的方法则比较鸡肋。

因为这种继承模式的存在，JavaScript 对象有两种类型的属性：浮于最表面的**自有属性**（own property），以及原型链上的**继承属性**（inherited property）。在大多数情况下，我们并不需要关心这些属性的类型。但还有些情况需要我们知道一个属性是否是对象的自有属性。大多数对象继承了 `hasOwnProperty(`*`string`*`)`方法，然而这个方法其实有可靠性风险。理论上，该方法会判断对应对象上是否存在传入的属性键名，且该属性是一个自有属性。如果这个对象上有一个自有属性也叫 `hasOwnProperty`，那么我们调用的实际上是自有的 `hasOwnProperty`。这是一个陷阱，需要谨慎对待。我觉得把 `hasOwnProperty` 设计成运算符会好很多，也就不会有陷阱存在了。我甚至觉得没有继承属性会更好，可以直接省去各种麻烦。

```
my_little_object.hasOwnProperty("bar")
// true
my_copy.hasOwnProperty("bar")
// true
my_clone.hasOwnProperty("bar")
// false
my_clone.hasOwnProperty = 7;
my_clone.hasOwnProperty("bar")
// 异常!
```

如果你自己覆盖了 `hasOwnProperty`，那么对于当前对象，就再也不能使用继承过来的 `hasOwnProperty` 了。在访问的时候，JavaScript 会直接使用你覆盖的自有属性。

`Object.prototype.toString` 也存在类似的风险。其实，就算没有可靠性风险，这个方法的表现也着实令人不满。

```
my_clone.toString
// "[object Object]"
```

你是不是觉得自己被耍了？事实上，你根本不需要它来告诉你对象是一个对象。在大多数情况下，你当然知道它是个对象，你只是想知道它里面究竟有什么。如果想将对象转换成字符串，`JSON.stringify` 做得可比它精彩多了。

`Object.create(`*`prototype`*`)` 的优势在于比 `Object.assign(Object.create({}),` *`prototype`*`)` 使用的内存更少。不过在大多数场景下，这么点儿内存差别并不会带来多大的影响。我还是觉得原型带来的怪异性比带来的好处多多了。

JavaScript 的继承模式还有个问题，那就是意外继承。举例来说，你可能想将对象作为哈希表来用，但是它又继承了`"toString"`和`"constructor"`这些属性，以及一些其他有可能继承的属性。这很可能与你自己想赋予的各种属性混淆。

所幸，`Object.create(null)`会创建一个“纯”对象，该对象没有任何继承属性。这样一来，各种继承带来的困惑（如意外继承等）都将不复存在。在这个对象中，只有我们自己明确存进去的属性，并不会有其他多余的内容。事实上，现在的我就非常喜欢用 `Object.create(null)`。

8.4　键名

`Object.keys(`*`object`*`)`函数会将传入对象的所有自有属性（不包括继承属性）的键名作为字符串放入一个数组中并返回。这样一来，你就可以用数组的各种方法去处理对象的属性了。

键名在数组中的顺序是按属性的插入时间来排列的。如果你想改变排列顺序，只需调用数组的 `sort` 方法即可。

8.5 冻结

`Object.freeze(object)`可以将对象冻结，使其成为不可变（immutable）对象。“不可变”特性可以增加程序的可靠性。一旦你创建了自己看着顺眼的对象，就可以将其冻结，以此来防止破坏和篡改。需要注意的是，该操作并不是深度冻结，只有对象最顶层的属性会被冻结。

也许有一天，不可变对象会带来明显的性能价值。如果一个对象一开始就可以声明自己不可变，那么在语言侧的一系列神奇的性能优化就有可能落地。

此外，不可变对象还有卓越的安全性。这对于现阶段的工业实践来说非常重要，因为当下在系统中安装各种不可信的代码似乎已经成为一种行业惯例了。有一天，不可变性或许可以将代码变得安全可靠，因为它能为对象提供良好的接口保护。

`Object.freeze(object)`和 `const` 表达式做的是完全不同的事。`Object.freeze` 作用于值，而 `const` 则作用于变量。如果将可变对象赋值给一个 `const` 变量（常量），你还是可以改变这个对象里的内容，但是无法为这个变量赋另一个值。如果将不可变对象赋值给一个普通的变量，那么你将不能改变变量里的内容，但是可以为变量赋另一个值。

```
Object.freeze(my_copy);
const my_little_constant = my_little_object;

my_little_constant.foo = 7;
// 允许
my_little_constant = 7;
// 语法错误!
my_copy.foo = 7;
// 异常!
my_copy = 7;
// 允许
```

8.6 莫使冻结共原型

原型的一个用处是创建对象的轻量级副本。假如我们有两个对象，其中一个有各种数据，而我们想让另一个包含相同的数据，只不过有一个属性略微不同。在这种情况下，就可以使用 `Object.create`。前文已经介绍过，这里不再赘述。这种方式会节约我们在创建对象时耗费的时间，但是在访问属性的时候，可能需要检索整条原型链，因此会耗费更多的时间。

但是，如果原型被冻结，就会出问题。如果对象原型中的一个属性是不可变的，那么该对象就无法拥有同名的自有属性了。在某些函数式编程风格中，我们大多希望所有的对象都是不可变对象，以此来换取系统的可靠性。如果可以从冻结的原型中继承出一个对象，然后更新该对象并冻结它就好了。然而，这是行不通的，修改从冻结原型继承过来的属性会触发异常。此外，这种形式的继承会降低插入新属性的性能。每当我们插入新属性的时候，系统会在整条原型链中搜索是否存在该不可变属性。这种烦人的搜索在 `Object.create(null)` 中可以被避免。

8.7 WeakMap

JavaScript 的一个设计错误是对象上的属性名必须为字符串。有时候，我们的确需要用一个对象或者数组作为键名。很可惜的是，JavaScript 中的对象会在这种情况下做一件蠢事——直接把要作为键名的值通过 `toString` 方法进行转换。我们之前也看到了，对象的 `toString` 方法返回的完全是糟粕。

对于这种情况，JavaScript 也算有自知之明，为我们准备了备用方案——`WeakMap`。这类对象的键名是对象，不能是字符串，并且它的接口也与普通的对象完全不同，见表 8-1。

表 8-1　WeakMap 和对象的差异

对　象	WeakMap
`object = Object.create(null);`	`weakmap = new WeakMap();`
`object[key]`	`weakmap.get(key)`
`object[key] = value;`	`weakmap.set(key, value);`
`delete object[key];`	`weakmap.delete(key);`

我个人认为，这两种类型用完全不同的语法做相同的事情实在没有意义。更没有意义的是，它们居然不是一种东西。一种只允许字符串作为键名，而另一种居然只允许对象作为键名。就不能好好地设计出一种既支持字符串又支持对象作为键名的类型吗？

抱怨归抱怨，单论 `WeakMap` 的设计还是非常出色的。下面是关于 `WeakMap` 的两个例子。

假设我们想将一个私密的属性存储到一个对象上。那么，为了访问到这个私密属性，就需要能访问该对象并能获取密钥，二者缺一不可。这个时候，就轮到 `WeakMap` 出马了。我们将 `WeakMap` 作为密钥存储装置。

```
const secret_key = new WeakMap();
secret_key.set(object, secret);

secret = secret_key.get(object);
```

如你所见，必须获取密钥和存储私密属性的对象才行。这种做法的好处在于，我们可以安全地将一个私密属性存储在一个冻结对象中。

再假设我们想为一个对象写一些可能有用的代码，如对其索引以供未来使用。但我们不想这些代码拥有调用该对象方法的能力，也不想它们能修改对象本身。用现实生活中的例子做类比，就是我们希望酒店可以代客泊车，但是又不想让他们擅动我们的手套箱、后备厢，甚至直接偷偷把车卖掉。在现实生活中，解决这个问题的办法是建立信用体系，但是计算机网络中的代码可不吃这一套。

因此，我们可以制造一套封箱机制。我们将对象存入封箱，封箱会返回一个无法打开的盒子，而这个盒子就可以交给“泊车员”了。如果需要拿到原始对象，只需将盒子交给拆封员即可。与上一个例子同理，我们可以用 `WeakMap` 方便地实现这一套机制。

```
function sealer_factory() {
    const weakmap = new WeakMap();
    return {
        sealer(object) {
            const box = Object.freeze(Object.create(null));
            weakmap.set(box, object);
            return box;
        },
        unsealer(box) {
            return weakmap.get(box);
        }
    };
}
```

`WeakMap` 并不允许我们检视对象中的内容。除非拥有对应的键名，否则无法访问其中的内容。`WeakMap` 与 JavaScript 的垃圾回收机制可以融洽相处。如果 `WeakMap` 中的一个键名在外没有了任何副本，那么这个键名所对应的属性会被自动删除。这可以防止一些潜在的内存泄漏情况。

JavaScript 还有一种类似的数据类型，名为 `Map`。但相较而言，它并没有 `WeakMap` 的安全性和内存泄漏防护机制。既然说到了这一点，我还是忍不住抱怨一下：`WeakMap` 这个名字起得就够差劲了，`Map` 更不知所云。它与数组的 `map` 方法没有半点关系，更与绘制地图毫不沾边。所以我一直不推崇 `Map`，但是 `WeakMap` 和数组的 `map` 方法则是吾之所爱。

JavaScript 还有一种叫 `Symbol` 的类型，具有 `WeakMap` 的一些能力。但我不推荐使用 `Symbol`，因为它真的很多余。我个人的习惯就是不使用各种多余的功能，以此来简化操作。

第 9 章

字　符　串

○●○○●

嗟呼！不公！不公！此甚不公，吾爱，谁知其囊中所藏为何物。

——咕噜，《霍比特人》

计算机善于操纵比特图案（bit pattern）[1]，人类则不擅长。字符串恰恰弥合了人类与计算机之间的鸿沟。把字符映射到整数是数字计算机发展的重要进步。这是用户界面（user interface，UI）发展的第一个重要里程碑。

我们并不知道为什么字符串要被称作 string，难道就不能称之为 text 吗？谁知道呢。string 的本意为“一串”或“绳子”。JavaScript 中的 string 和绳子可不一样。我们可以很自然地说一串字符、一串比特位，甚至一串错误。但在日常生活中，我们不会讲连接绳子（此处对应 `String.prototype.concat`），只会说系绳子。

9.1　根基

字符串在本质上是 16 位无符号整数（0 过 65 535）的不可变数组。我们可以通过 `String.fromCharCode` 函数来创建字符串，该函数接收任意多个参数。字符串中的元素可以通过 `charCodeAt` 访问，但是不可以修改——字符串是不可变的。与数组一样，字符串也拥有 `length` 属性。

```
const my_little_array = [99, 111, 114, 110];
const my_little_string = String.fromCharCode(...my_little_array);
my_little_string.charCodeAt(0) === 99
// true
```

① 也称位模式，是指二进制比特 0 与 1 的组合格式。——译者注

```
my_little_string.length
// 4
typeof my_little_string
// "string"
```

可以用方括号表示法获取字符串中某一位的值。只不过该值不是数，而是一个新的字符串，该字符串只包含一位原字符串对应位置的字符。

```
my_little_string[0] === my_little_array[0]
// false
my_little_string[0] === String.fromCharCode(99)
// true
```

`String.prototype` 原型包含一些可用于字符串的方法。`concat` 和 `slice` 方法与数组的对应方法类似，而 `indexOf` 方法则大相径庭。字符串 `indexOf` 方法的参数并不是数，而是字符串。它将会将传入的模式串与该字符串进行匹配，找到模式串在主串中出现的第一个位置并返回。

```
my_little_string.indexOf(String.fromCharCode(111, 114))
// 1
my_little_string.indexOf(String.fromCharCode(111, 110))
// -1
```

`startsWith`、`endsWith` 和 `contains` 三个方法是对 `indexOf` 和 `lastIndexOf` 这两个方法的包装。

用`===`（全等运算符）判断两个包含相同内容的字符串会返回 `true`；而两个包含相同内容的数组则只在来自同一个引用的情况下才会被`===`认为是 `true`。

```
my_little_array === my_little_array
// true
my_little_array === [99, 111, 114, 110]
// false
my_little_string === String.fromCharCode(99, 111, 114, 110)
// true
```

字符串的全等运算非常有用。这也是我认为不需要 `Symbol` 的原因之一，毕竟内容相同的字符串会被认为是同一个对象。不过在 Java 之类的语言中，字符串是不能全等的。

9.2 统一码

一共 65 536 个 16 位比特图案都可作为字符串的元素。一般的做法是把每个元素都看作字符，而统一码（Unicode）标准则决定了编码方式。JavaScript 天生就对统一码有语法和方法上的支持。原生的统一码标准指定了某些码不应该被使用，然而 JavaScript 没有——所有的 16 位比特图案都可以作为字符使用。也就是说，如果你的系统要与其他语言实现的系统进行交互，就不该滥用统一码。

字符串字面量表示为由双引号（"）或者单引号（'）包围的零个、一个或多个统一码字符。我个人不推荐使用单引号。字符串中的每个元素都会被视为一个 16 位的元素。

如果想将两个字符串进行拼接，只需使用加号（+）。前面介绍过，加号还用于四则运算的加法，所以要拼接的话，得保证两侧的操作值至少有一个是字符串。强制拼接的做法就是将一侧的操作值用字符串字面量编写，还有一种方法是将一个操作值传入 `String` 函数。

```
my_little_string === "corn"
// true
"uni" + my_little_string
// "unicorn"
3 + 4
// 7
String(3) + 4
// 34
3 + String(4)
// 34
```

字符串字面量必须在一行内完成。反斜杠（\）用于转义双引号、反斜杠和换行符等。

方括号表示法可以从字符串中提取字符。JavaScript 中并没有字符类型，我说的字符是指长度为 1 的字符串或者数。

很多编程语言有字符这种数据类型，通常写作 `char`，但是我至今不知道它的标准发音是什么。有些人读作 char，有些人读作 car，还有些人读作 care、chair 甚至 share。

所有字符串在创建出来的时候都被冻结了。也就是说，一旦字符串被生成，你就无法再修改它了。我们可以从字符串中提取子串，不过这些子串也是全新的字符串。拼接操作也能将多个字符串拼接成一个新的字符串。

```
const mess = "monster";
const the_four = "uni" + my_little_string + " rainbow butterfly " + mess;
                      // the_four 的值为"unicorn rainbow butterfly monster"

const first = the_four.slice(0, 7); // first 的值为"unicorn"
const last = the_four.slice(-7);    // last 的值为"monster"
const parts = the_four.split(" ");  // parts 的值为[
                                    //                 "unicorn"
                                    //                 "rainbow"
                                    //                 "butterfly"
                                    //                 "monster"
                                    //            ]
parts[2][0] === "b"                 // true
"*".repeat(5)                       // "*****"
parts[1].padStart(10, "/")          // "///rainbow"
```

9.3 更多统一码

统一码的初始目标是用 16 位比特图案来表示世界上所有现存语言的字符，后来则改为了用 21 位比特图案来表示。可惜的是，JavaScript 是在统一码还使用 16 位的时候诞生的。

统一码赋予了 JavaScript 字符两个不同的术语：**代码单元**（code unit）和**代码点**（code point）。代码单元就是一个 16 位字符，而代码点则是该字符串对应的数。一个代码点可以包含一个或多个代码单元。

统一码共分 17 块编码区段，每段含 65 536 个代码点，一共 1 114 112 个代码点。最开始的编码区段叫基本多文种平面（basic multilingual plane，BMP），剩下的 16 个区段叫作辅助平面（supplementary plane）。在基本多文种平面中，一个代码点就能定义一个代码单元，所以 JavaScript 可以很容易地使用基本多文种平面中的字符。不过辅助平面中的字符相对难用一些。

JavaScript 使用代理对（surrogate pair）来访问辅助字符。代理对由两个特殊的代码单元组成。这些特殊的代码单元共 2048 种，其中有 1024 种高代理代码单元，还有 1024 种低代理代码单元。虽然高代理代码单元中带一个“高”字，但实际上它的编码是小于低代理代码单元的。

```
0xD800 过 0xDBFF      高代理代码单元
0xDC00 过 0xDFFF      低代理代码单元
```

当高代理代码单元和低代理代码单元组成一个代理对后，它们各提供 10 位，就形成了一个 20 位的偏移量。该偏移量与 65 536 相加，就形成了一个代码点。（之所以相加，是为了避免一个代码点的值通过不同的计算序列获得。其实还有一种更简单的办法，就是定义“代理对无法用于表示基本多文种平面中的代码点”。这么一来，产生的就会是一个 20 位的字符集，而不再是 21 位的了。）

假设有一个代码点为 U+1F4A9（十进制为 128 169）。我们将其减去 65 536，差为 62 633，也就是 `0xF4A9`。高 10 位为 `0x03D`，低 10 位为 `0x0A9`。将高位与 `0xD800` 相加，将低位与 `0xDC00` 相加，就能得到一个代理对了。JavaScript 将 U+1F4A9 存成 U+D83D U+DCA9。也就是说，在 JavaScript 看来，U+1F4A9 其实是两个 16 位字符。如果操作系统支持，该代码点实际上显示为一个字符。JavaScript 并不太在意辅助平面，但不是完全不支持。

有两种方式可以在字符串字面量中编写代码点 U+1F4A9。

```
"\uD83D\uDCA9" === "\u{1F4A9}"
// true
```

这两种方式都会产生同一个字符串，长度为 2。

字符串有一个静态方法 `String.fromCodePoint` 可以生成代理对。

```
String.fromCharCode(55357, 56489) === String.fromCodePoint(128169)
// true
```

`codePointAt` 方法与 `charCodeAt` 类似，只不过前者先尝试与后一位字符进行组合，看能否组成一个代理对。若可以，则返回一个辅助平面的代码点。

```
"\uD83D\uDCA9".codePointAt(0)
// 128169
```

其实人们日常交流用的字符用 BMP 就已足够，所以与代理对相关的东西实际上并不常用。虽不常见，但它们还是随时可能出现在任何地方，所以你的代码无论怎样都应该支持它们。

统一码包含起组合和修改作用的字符，便于加上着重符号等修饰符；还包含起控制书写顺序以及其他一些作用的字符。这种行为使得统一码有时候比较复杂，例如两个含有相同字符的字符串不一定是相等的。统一码自身有一套规范化的规则，用于指定必然的顺序，或者指定带有修饰符的字符组合必须用复合字符来代替。然而人类不受这些规则约束，所以有时候你收到的字符串很可能不规范。JavaScript 将规范化规则包装成了 `normalize` 方法。

```
const combining_diaeresis = "\u0308";
const u_diaeresis = "u" + combining_diaeresis;
const umlaut_u = "\u00FC";

u_diaeresis === umlaut_u
// false
u_diaeresis.normalize() === umlaut_u.normalize()
// true
```

统一码包含非常多重复项和相似项，所以即使在规范化后，两个看起来一样的字符串还是有可能不相等。这是一个潜在的混乱隐患，甚至是安全隐患。

9.4　模板字符串字面量

模板是 Web 应用开发中的流行实践。由于 Web 浏览器的 DOM API 功能不完善和设计错误，开发者的普遍做法是使用模板去构建 HTML 视图。虽然这种做法比徒手应付 DOM 简单很多，但也会有一些副作用，如存在跨站点脚本（cross-site scripting，XSS）攻击风险或者其他安全隐患。JavaScript 模板字符串字面量旨在为这些模板提供支持，同时减轻安全问题。有时候，它还真能成功做到。

模板字符串字面量可多行书写。反引号（`）是模板字符串字面量的分隔符。

```
const old_form = (
    "Can you"
    + "\nbelieve how"
    + "\nincredibly"
    + "\nlong this"
    + "\nstring literal"
    + "\nis?"
);

const new_form = `Can you
believe how
incredibly
long this
string literal
is?`;

old_form === new_form
// true
```

新的语法是不是看起来明显更优呢？不过这种符号的语法是有代价的：一门语言中最大的语法结构应该由键盘上最显而易见的字符组成。新写法增加了潜在的错误概率，也增加了视觉上的歧义。例如在上面的代码中，`incredibly` 后面有空格吗？对于旧的写法来说，显然是没有的。

多数情况下，我们不应该将大段文本硬编码在程序中。比较好的实践是使用一些适当的工具（如文本编辑器、JSON 编辑器或者数据库工具）将这些字符串维护成程序资源文件，并通过特定的方式获取。新的语法却在鼓励我们使用不良实践。

字符串是用于记录人类语言的重要类型，通常需要将这些文本翻译成不同的语言以服务全球各国的用户。我们一般不会为每种语言单独维护不同的程序，而是只维护一个可以接收不同语言的本地化文本的程序。模板字符串的这种写法对于此类需求来说反而是种累赘，在一定程度上限制了本地化文本的使用。

俗话说“存在即合理”，新语法也不全是缺点。它的作用主要在于占位。在模板字符串中，可以用美元符号加左花括号（`${`）和右花括号（`}`）将合法的表达式包裹住。在运行过程中，该表达式会被计算出一个最终结果，用于替换原模板字符串中该位置的内容。

```
let fear = "monsters";

const old_way = "The only thing we have to fear is " + fear + ".";

const new_way = `The only thing we have to fear is ${fear}.`;

old_way === new_way
// true
```

其实上面两种写法都有潜在隐患，例如：

```
fear = "<script src=https://themostevilserverintheworld.com/malware.js>";
```

Web 为很多恶意脚本提供了滋生的温床，而模板让情况更糟糕了。虽然大部分模板工具提供了一些诸如防注入等防止恶意攻击的机制，但仍远远不够。最要命的是，像模板字符串字面量这种写法，天生是没有任何这类防护的。

这种情况下，我们需要一种特殊的**标签函数**（tag function）。将标签函数写在模板字符串之前，该函数就会被调用，传入的参数则是该模板字符串及其每个占位表达式的值。标签函数的主要作用就是给你提供模板字符串及其所有的可运算部分，让你自己过滤、编码、组合和返回。

例如，下面的 dump 函数就是标签函数，用于返回一个包含所有传入标签函数的参数的 JSON 字符串。

```
function dump(strings, ...values) {
    return JSON.stringify({
        strings,
        values
    }, undefined, 4);
}

const what = "ram";
const where = "rama lama ding dong";

`Who put the ${what} in the ${where}?`
                        // "Who put the ram in the rama lama ding dong?"

const result = dump`Who put the ${what} in the ${where}?`;
                                // 结果为`{
                                //      "strings": [
                                //          "Who put the ",
                                //          " in the ",
                                //          "?"
                                //      ],
                                //      "values": [
                                //          "ram",
                                //          "rama lama ding dong"
                                //      ]
                                // }`
```

标签函数的设计其实挺让人摸不着头脑：它将字符串以数组的形式传入，却将后面的值单独传入。如果被正确地编写和使用的话，标签函数的确可以在一定程度上有效地减轻 XSS 攻击和其他安全风险。可规避归可规避，我还是要强调一下，模板字符串天生是不安全的。

模板字符串字面量的加入，让 JavaScript 新增了不少新语法、新机制和复杂度，更加鼓励我们使用不良实践。不过实事求是地说，在处理大量字符串的时候，新语法也并不是真的一无是处。

9.5 正则表达式

字符串方法中有几个可以接收正则表达式对象：`match`、`replace`、`search` 和 `split`。正则表达式对象自身还含有一些方法：`exec` 和 `test`。

正则表达式对象会对字符串进行模式匹配。正则表达式简明扼要却功能强大。不过，尽管功能强大，正则表达式也不是全能的。例如，它无法解析 JSON 字符串。因为解析 JSON 的时候，我们需要用栈[1]去存储并处理一些嵌套数据结构，然而正则表达式对象没有对于栈存储的支持。不过正则表达式对象可以将 JSON 字符串切割成一个个词（token），让 JSON 解析器处理起来更容易。

9.6 分词

对源程序进行分词（tokenization）是编译过程的一部分。还有很多地方也会用到分词，如编辑器、代码修饰器（code decorator）、静态分析器（static analyzer）、宏处理器（macro processor）、代码压缩程序（minifier）等。像编辑器这类重互动的应用对于分词的实时性要求非常高。然而不幸的是，JavaScript 是一门难以分词的编程语言。

一个原因就是正则表达式的语法和可选的分号会导致语法产生歧义。例如：

```
return /a/i;                    // 返回一个正则表达式对象
return b.return /a/i;           // 返回((b.return) / a) / i
```

在没有解析完整 JavaScript 程序的情况下，上面的情况是很难被正确分词的。

别忘了，现在还有模板字符串，真是雪上加霜。模板字符串又可以包含新的表达式，而被包含的表达式又可以包含模板字符串。如此循环往复可以无限嵌套。除了模板字符串嵌套以外，模板字符串里的表达式还可以再包含正则表达式。在分词的时候，如果遇到一个反引号，就很难判断它是当前模板字符串的结束，还是一个嵌套模板字符串的开始。总之，这些奇怪的语法为分词增加了各种阻碍。

```
`${`${"\"}`"}`}`
```

这还不是最麻烦的。表达式中可不只有上面说的内容，还会有函数，而函数还可以包含更多的正则表达式字面量和模板字符串字面量，甚至在语句之间不写分号。

[1] 原文为 pushdown store，即下推存储器，也就是栈。——译者注

一般的工具会假定我们的程序不是“坏孩子”。其实正常写出来的 JavaScript 代码还是可以在不解析整段代码的情况下被正常分词的。但如果你真写了个“坏孩子”，一般的工具会在分词阶段失败。

我真希望下一代语言可以被顺序分词，而不用解析整段代码。就现状来说，我建议你不要用模板字符串。

9.7　`fulfill`

其实，有更好的方式可以代替模板字符串——实现一个 `fulfill` 函数。该函数接收一个带占位符的字符串，以及一个用于填充的变量数组，还可以接收一个用于编码的函数或者包含多个用于编码的函数的对象。

模板字符串的一个潜在问题是，反引号范围内的所有字符都会被作为字符串的一部分。这种特性虽然方便，但是也存在安全隐患。`fulfill` 函数则只会接收你显式传入的内容，这就安全多了。我们可以让 `fulfill` 函数默认的编码函数移除一些已知的危险字符，从而使其在 HTML 的上下文中默认安全——这在模板字符串中可不是默认安全的。不过，如果你使用编码函数的方式有误，还是有不安全的可能。

字符串可以来自任何地方，如 JSON 数据或者字符串字面量。这些字符串不一定被直接编写在代码当中，毕竟我们还有一些多语言的需求。

第一个参数是占位符，我们定义其由左花括号（`{`）和右花括号（`}`）包裹，并且里面不能有空格和括号。它的格式为对象路径，后面可跟一个冒号以及编码函数名。对象路径是以点号（`.`）分隔的数或者字段名。

```
{a.very.long.path:hexify}
```

第二个参数可以是用于替换占位符的对象或者数组，且可嵌套。对象或者数组里的值可通过占位符内的对象路径获取。如果获取到的值是函数，则替换值为函数的返回值。此外，除了对象和数组，该参数还可以是函数，此时它会被传入对应的对象路径字符串以及编码函数名，用于返回替换值。

替换值可被编码函数编码。编码函数主要用于消除安全风险，不过还有其他一些妙用。

第三个可选参数是对象，内含各种用到的编码函数。占位符中可选的那个编码函数部分就是用于选择第三个参数中的函数的。如果对象中没有匹配的编码函数，则会使用默认的编码函数。

当然，第三个参数也可以是函数，用于编码所有替换值。而编码函数需要接收替换值对象、对象路径以及编码。如果该函数并没有返回字符串或者数，则会保留原始值。

如果一个占位符没有指定编码，那么会默认用""这一编码。

对象路径中包含的值用于匹配数组或者对象，用点号分割，这样就可以匹配嵌套对象了。

占位符只有在被正确书写，并且替换值和编码函数被正确传入的情况下才会被正常替换。这三者只要有其一不符，占位符就会继续待在原字符串中不被替换。也就是说，只要不是占位符的一部分，括号不用转义也能继续留在字符串中。

```
const example = fulfill(
    "{greeting}, {my.place:upper}! :{",
    {
        greeting: "Hello",
        my: {
            fabulous: "Unicorn",
            insect: "Butterfly",
            place: "World"
        },
        phenomenon : "Rainbow"
    },
    {
        upper: function upper(string) {
            return string.toUpperCase();
        },
        "": function identity(string) {
            return string;
        }
    }
);      // example 值为"Hello, WORLD! :{"
```

entitiyify 函数用于将字符串转成安全的 HTML 字符串。

```
function entityify(text) {
    return String(text).replace(
        /&/g,
        "&amp;"
    ).replace(
        /</g,
        "&lt;"
    ).replace(
        />/g,
        "&gt;"
    ).replace(
        /\\/g,
        "&bsol;"
    ).replace(
        /"/g,
```

```
        "&quot;"
    );
}
```

接下来，往模板中注入一些危险数据。

```
const template = "<p>Lucky {name.first} {name.last} won ${amount}.</p>";

const person = {
    first: "Da5id",
    last: "<script src=https://enemy.evil/pwn.js/>"
};

// 调用 fulfill

fulfill(
    template,
    {
        name: person,
        amount: 10
    },
    entityify
)

// "<p>Lucky Da5id &lt;script src=enemy.evil/pwn.js/&gt; won $10.</p>"
```

`entityify` 编码函数消除了邪恶 script 标签的 HTML 活性。

下面给大家看看我用于展示准备本书章名列表的代码！

首先，章名列表是一个 JSON 字符串。虽然模板中有花括号，然而对分词没什么影响。`fulfill` 的这种用法既可以用来嵌套替换，又避免了干扰分词的复杂的语法。

```
const chapter_names = [
    "导读",
    "命名",
    "数值",
    "高精度整数",
    "高精度浮点数",
    "高精度有理数",
    "布尔类型",
    "数组",
    "对象",
    "字符串",
    "底型",
    "语句",
    "函数",
    "生成器",
    "异常",
    "程序",
    "this",
```

```
    "非类实例对象",
    "尾调用",
    "纯度",
    "事件化编程",
    "日期",
    "JSON",
    "测试",
    "优化",
    "转译",
    "分词",
    "解析",
    "代码生成",
    "运行时",
    "嚯! ",
    "结语"
];

const chapter_list = "<div>[</div>{chapters}<div>]</div>";
const chapter_list_item = `{comma}
<a href="#{index}">{"编号": {index}, "章": "{chapter}"}</a>`;

fulfill(
    chapter_list,
    {
        chapters: chapter_names.map(function (chapter, chapter_nr) {
            return fulfill(
                chapter_list_item,
                {
                    chapter,
                    index: chapter_nr,
                    comma: (chapter_nr > 0)
                        ? ","
                        : ""
                }
            );
        }).join("")
    },
    function(text) { return text; }
)
// 本书的章名列表
```

说了那么多，该揭秘 `fulfill` 的实现了。其实 `fulfill` 的逻辑并不复杂。

```
const rx_delete_default = /[ < > & % " \\ ]/g;
const rx_syntactic_variable = /
    \{
    (
        [^ { } : \s ]+
    )
    (?:
        :
        (
            [^ { } : \s ]+
```

```
        )
    )?
    \}
/g;

// 捕获组:
//     [0]原始值(括号内的占位符)
//     [1]对象路径
//     [2]编码

function default_encoder(replacement) {
    return String(replacement).replace(rx_delete_default, "");
}

export default Object.freeze(function fulfill(
    string,
    container,
    encoder = default_encoder
) {
```

fulfill 函数接收三个参数：一个含占位符的字符串，一个生成函数或者含替换值的对象或数组，以及一个可选的编码函数或者包含多个编码函数的对象。默认内置的编码函数会移除所有尖括号。

大部分逻辑是通过字符串的 replace 函数完成的。

```
    return string.replace(
        rx_syntactic_variable,
        function (original, path, encoding = "") {
            try {
```

使用 path 去 container 中找到对应的值。path 包含用点分隔的一个或者多个字段名（或者数）。

```
                let replacement = (
                    typeof container === "function"
                    ? container
                    : path.split(".").reduce(
                        function (refinement, element) {
                            return refinement[element];
                        },
                        container
                    )
                );
```

如果替换值是一个函数，那么调用它以获取真的替换值。

```
                if (typeof replacement === "function") {
                    replacement = replacement(path, encoding);
                }
```

如果存在编码函数对象，那么执行其中之一；如果就是一个编码函数，那么直接执行。

```
                replacement = (
                    typeof encoder === "object"
                    ? encoder[encoding]
                    : encoder
                )(replacement, path, encoding);
```

如果计算好的替换值是一个数值或者布尔类型，那么将其转换为字符串。

```
                if (
                    typeof replacement === "number"
                    || typeof replacement === "boolean"
                ) {
                    replacement = String(replacement);
                }
```

做好一切后，如果替换值是一个字符串，那么返回该替换值；否则返回原始值。

```
                return (
                    typeof replacement === "string"
                    ? replacement
                    : original
                );
```

如果过程中产生了任何异常，则直接返回原始值。

```
            } catch (ignore) {
                return original;
            }
        }
    );
});
```

第10章

底　　型

○●○●○

> 汝乃玄妙之话本；
> 汝即罗斯国之草原；
> 汝为洛克希剧院接待员之绔[1]。
> 余为破损木偶，为遗弃之物，为无谓之物。
> 若余最劣，汝则为最优！
>
> ——科尔·波特，*You're the Top*

底型是用于指示递归数据结构结尾的特殊值，也可用于表示值不存在。在一般的编程语言中，常以 `nil`、`none`、`nothing` 或者 `null` 表示。

JavaScript 有两种底型：`null` 和 `undefined`。其实 `NaN` 也可以算作一种底型，主要用于表示不存在的数值。不过我认为过多底型属于语言设计上的失误。

在 JavaScript 中，可以说只有 `null` 和 `undefined` 不是对象。如果基于它们去访问一些属性，就会触发异常。

从一方面看，`null` 和 `undefined` 是非常类似的；但从另外一些方面来看，它们的行为又不一样——互有交集，却又无法完全相互替代。有时候，它们的表象一致，但是实际表现不同，这就很容易造成混乱。我们经常不得不花时间决定当下到底该使用哪个底型，这些虚无缥缈的理论又会导致更多混乱，而混乱就是各种 bug 之源。

如果只保留两者之一，程序将更美好。我们虽然不可能改变 JavaScript 这门编程语言来只留

---

① 原歌词为“pants on a Roxy usher”。Roxy 指曼哈顿大街上著名的洛克希剧院的接待员穿着统一的类军事服装，并且行为也颇有军事化风格。这里指的就是洛克希剧院接待员的军事化风格裤子。——译者注

一种底值，但是可以从自身做起，只用一种[1]。我个人建议淘汰 null，只用 undefined。

我个人有一个习惯：在两个单词中做抉择的时候，通常倾向于更短的那个。此外，null 在编程和数据结构上下文中，语义都是约定俗成的，而 undefined 并没有。何况 undefined 这个命名本身就有歧义。它并不是数学家所说（数学范畴）的**未定义**，而是程序员所说（计算机范畴）的**未定义**。

综上所述，看起来 null 才是更合适的选择，那么为什么我还是建议使用 undefined 呢？因为 JavaScript 自身也在用 undefined。如果你用 let 或者 var 声明一个变量却没有初始化它，这个值就是 undefined。这其实很神奇，你定义了一个未定义（undefined）的变量。如果你调用一个函数，却没往其中传入足量的参数，那么那些没有传参数的值就是 undefined；如果你访问一个对象中不存在的属性，得到的也是 undefined；数组也一样，如果你访问其中不存在的元素，得到的还是 undefined。

只有在创建空对象的时候，我才会使用 null——Object.create(null)。不过我也是不得已而为之，因为 Object.create()或者 Object.create(undefined)会触发异常，这是语言规范的设计错误造成的。

null 和 undefined 都可以用全等运算符进行比较。

```
function stringify_bottom(my_little_bottom) {
    if (my_little_bottom === undefined) {
        return "undefined";
    }
    if (my_little_bottom === null) {
        return "null";
    }
    if (Number.isNaN(my_little_bottom)) {
        return "NaN";
    }
}
```

你有时候可以看到一些遗留代码中有(typeof my_little_bottom === "undefined")，这也可行。(typeof my_little_bottom === "null")则是错误的写法，因为 typeof null 的值是"object"，而不是"null"。更糟糕的是，(typeof my_little_object === "object")这种写法在 my_little_object 的值为 null 的时候错误地返回 true，这就有可能导致一些程序逻辑上的错误。这也是我认为应该避免使用 null 的原因之一。

---

① 我以前也信奉这条，也是这么去做的。例如 callback()约定俗成第一位是 err，没有异常的时候我从来都是传 undefined，用于对齐生态的偷懒写法是只写一个 callback()而不传任何参数。但一个人这么写架不住整个社区都在滥用，尤其是在 node_modules 这个黑洞出现之后。——译者注

undefined 确实比 null 强很多，但有时候也会存在访问路径上的问题。还记得之前说过，对象上不存在的属性是 undefined 吗？如果它不是 undefined，而是冻结的空对象就好了。undefined 毕竟不是对象，所以基于它获取属性就会触发异常。这就使得写访问路径的表达式成了一件麻烦事。

```
my_little_first_name = my_little_person.name.first;
```

在上面的代码中，如果 my_little_person 对象上不存在 name，甚至连 my_little_person 本身就是 undefined，就会触发异常。所以你并不能将点号（.）或者下标（[ ]）的调用链看成一条完全正确的访问路径，而是必须考虑一些边界情况。所以应该将其改成如下代码。

```
my_little_first_name = (
    my_little_person
    && my_little_person.name
    && my_little_person.name.first
);
```

使用逻辑与运算符（&&）就是为了避免之前所说的悲剧发生。这种写法实在冗长，而且又丑又慢，不过确实能避免异常。如果 undefined 的行为与对象类型匹配，而不是相悖的话，

```
my_little_first_name = my_little_person.name.first;
```

这种写法就能正常运行了。

第11章

语　　句

○●○●●

吾颔首时，汝以此锤击之。

——驯鹿布尔温克，《飞鼠洛基与朋友们》

编程语言可大致分为两类：表达式语言（expression language）和陈述式语言（statement language，也称语句语言）。陈述式语言包含语句和表达式，而表达式语言则只包含表达式。表达式语言的拥趸有一套完整的理论来支撑其优越性，而陈述式语言则好像没有什么理论来佐证。尽管如此，目前所有流行的编程语言基本上都是陈述式语言，JavaScript 也是其中之一。

早期的程序基本上都是指令列表，有时候跟英文句子很像，一些语言甚至是以句点结尾的。由于英文句点容易与点号混淆，所以在后来出现的一些编程语言中，语句就以分号结尾了。

结构化编程破坏了简化语句列表的思想，允许语句嵌套。ALGOL 60 就是结构化一代中的首批编程语言之一，通过 `BEGIN` 和 `END` 来划归一批语句的区块。BCPL 则以左花括号（`{`）和右花括号（`}`）来代替 `BEGIN` 和 `END`。这一套 20 世纪 60 年代的“新风尚”流行至今。

11.1　声明

JavaScript 有三种语句可以在模块或者函数中声明变量：`let`、`function` 和 `const`。当然，其实还有一个过时的 `var`，以前用于 Internet Explorer，不过这款浏览器现在已经没人疼没人爱了。

我们先来说说 `let`。`let` 语句会在当前作用域中声明一个新变量。所有的区块（包裹在花括号中的语句）都会创建一个作用域。在一个作用域中声明的变量在该作用域外不可用。`let` 语句在声明变量的时候还可以附带一个初始值，不过这一步是可选的。如果变量并未被赋上初始值，那么它的值就是 undefined。let 语句允许一次性声明多个变量，不过我个人还是建议只声明一个变量，这有利于程序的可读性和可维护性。

let 语句支持解构。这是用于一次性从对象或者数组中抽取一个或者多个变量的语法糖。也就是说，

```
let {huey, dewey, louie} = my_little_object;
```

是

```
let huey = my_little_object.huey;
let dewey = my_little_object.dewey;
let louie = my_little_object.louie;
```

的缩写。

类似地，

```
let [zeroth, wunth, twoth] = my_little_array;
```

则是

```
let zeroth = my_little_array[0];
let wunth = my_little_array[1];
let twoth = my_little_array[2];
```

的缩写。

解构并不是多么重要的语法，但是在某些场合的确可以方便众人。不过它也容易被滥用。解构虽然支持重命名以及默认值的特性，但在视觉上容易让人感到混乱。

function 声明则会创建一个 function 对象，并让对应的变量代表它。它其实有个等效的 let 声明方法，所以容易造成混淆。

```
funciton my_little_function() {
    return "So small.";
}
```

等效于

```
let my_little_function = undefined;

my_little_function = function my_little_function() {
    return "So small.";
};
```

注意， function 声明不需要以分号结尾，而 let 和赋值语句需要。

function 声明会被提升。也就是说，在运行时该语句的声明会被提升到模块或者函数的顶部。所有通过 function 语句创建出来的 let 语句也会被提升。所以 function 声明不应该被放到某一个区块中，而应该置于一个函数体或者模块内。将其置于 if、switch、while、do 或者 for 等语句中是一种非常不好的实践。我们会在第 12 章详细说明。

const 语句与 let 类似，不过有两点不同：const 语句的初始值是必需的，而且被声明的变量后续无法被重新赋值。我会尽可能地让变量声明使用 const，以此来提高代码的纯度[①]（详见第 19 章）。

const 显然是**常量**（constant）的缩写。但实际上，它们并不相同。常量意味着永恒不变、无时间性；而 const 则是短暂性的，可能在函数结束的时候消失。也就是说，每次程序或者函数运行的时候，const 都可能有不同的值。还要注意，如果 const 声明的值是可变值，那么即使该变量不可以被重新复制，它的值还是可以被编辑的，如未被冻结的对象或者数组。Object.freeze 是作用于值的，而 const 则作用于变量。我们非常有必要理解值与变量的区别：变量包含对一个值的引用，而值则从来不会包含变量。

```
let my_littlewhitespace_variable = {};
const my_little_constant = my_littlewhitespace_variable;
my_little_constant.butterfly = "free";  // {butterfly: "free"}
Object.freeze(my_littlewhitespace_variable);
my_little_constant.monster = "free";
// 失败！
my_little_constant.monster
// undefined
my_little_constant.butterfly
// "free"
my_littlewhitespace_variable = Math.PI; // my_littlewhitespace_variable 被重新赋值成了π
my_little_constant = Math.PI;
// 失败！
```

11.2 表达式

JavaScript 允许在语句的位置写任何表达式。这种语言设计思路虽然草率，但是非常流行。在 JavaScript 语句的位置上，有意义的表达式其实只有三类：赋值、调用和 delete。不过除此之外，其他表达式也可以写在语句位置上，这大大降低了编译器识错的能力。

赋值语句可以替换变量的引用，也可以更改可变对象或者可变数组。赋值语句包含如下四部分。

① 纯度（purity）反映不确定性，值越小不确定性越低。——译者注

(0) **左值**（lvalue），即用于接收值的表达式。它可以是一个产出对象或数组值的表达式，可以再细化成：点号（.）跟着属性名，或者左方括号（[）跟着生成属性名或者下标的表达式再接右方括号（]）。

(1) 赋值运算符：

- =（赋值）
- +=（加法赋值）
- -=（减法赋值）
- *=（乘法赋值）
- /=（除法赋值）
- %=（取余赋值）
- **=（幂赋值）
- >>>=（右移赋值）
- >>=（带符号扩展右移赋值）
- <<=（左移赋值）
- &=（位运算与赋值）
- |=（位运算或赋值）
- ^=（位运算异或赋值）

(2) 表达式，即重赋值的值。

(3) 分号（;）。

我不建议使用自增运算符++或者--。这两个运算符都是早期设计出来用于操作指针的。指针是编程上的一道坎，没多少人能真正用好它。因为弊大于利，所以很多现代语言已经不再允许开发者们直接操作它了。最后一门还能操作指针的流行编程语言是 C++。这是一门糟糕的语言，从语言名中的++就能看出来。

虽然我们已经摆脱了指针，但还是会被++难住。它现在的主要作用就是为某个值加 1。但是为什么要单独为加 1 设置一个特殊的语法呢？加别的值不行吗？这有多大意义呢？

答案是：**毫无意义。**

不只毫无意义，它甚至有坏处。++有前置和后置两种形式。这两种形式都是合法的，会给我们调试、查找问题徒增很多困难。此外，++还有可能造成缓冲区溢出的错误，以及各种安全问题。我们应该抛弃这个毫无用处且危险的特性。

表达式语句并不纯，因为赋值语句与 delete 使得程序拥有不确定性。当我们调用一个不关心返回值的函数时，主要是为了其副作用。表达式语句是所有语句中唯一不以关键字开头的语句。这种语法是在从根本上鼓励不确定性。

11.3 分支

JavaScript 有两种分支语句：if 和 switch。我们其实只需要一个，甚至都不需要。

我不推荐使用 switch，它真的是托尼·霍尔的 case 语句与 FORTRAN 的 goto 语句的邪恶结合体。if 完全可以实现 switch 可以实现的所有逻辑，甚至可以写得更为紧凑。switch 语句会提供一个隐式的 switch 变量，但是有导致错误的风险，是一个不良实践。此外，还有一个书写风格上的问题：case 到底是该与 switch 对齐还是缩进？这个问题至今没有确切的答案。

我们可以用对象来代替 switch 语句。为不同的 case 在对象中挂载函数，并在函数里实现该 case 需要运行的逻辑即可。

```
const my_little_result = my_little_object[case_expression]();
```

case_expression 会从你的对象中选择对应的函数去执行。如果 *case_expression* 并未匹配到符合的函数，那么上面的代码就会触发异常。

上面的代码还有一个问题，就是它与 this 绑定在了一起，所以有潜在的安全隐患。我会在第 16 章介绍更多关于 this 的内容。

if 语句真的比 switch 好太多了。else 语义明显，它并不是一个语句，而是子语句，所以毋庸置疑不用相对 if 进行缩进。else 应当与右花括号（}）也就是前一个区块的结束符处于一行。

JavaScript 将条件语句部分当作布尔式犯蠢类型（详见 6.2 节）来处理。我当然认为这是一种语言上的设计错误，JavaScript 应该坚持使用严谨的布尔类型。尽管语言设计得有些草率，但我还是建议你在条件语句部分坚持使用真的布尔类型。

else if 的写法就是它可以取代 switch 语句的原因，同时能避免各种神奇的缩进。但是，我们也不应该滥用这种特性，不然就会出现各种奇怪的分支判断。我坚持认为 else if 的写法就应该只是为了替代类 case 的写法。如果 if 在语义上只是 else 区块中最顶部的逻辑，我建议你将其写入 else 区块，而不是提升到与 else 平级。还有一种情况就是，如果前一个区块是以中断（如 return 等）为结尾的，就不应当使用 else if。

当我们以纯函数式的风格编写程序时，还有一种更好的写法——三目运算。不过三目运算符也经常被滥用，以至于风评一直不好。我们应当将整个三目运算表达式以括号包围，并在左圆括号之后换行，然后将条件语句以及两个分支对齐书写。

```
let my_little_value = (
    is_mythical
    ? (
        is_scary
        ? "monster"
        : "unicorn"
    )
    : (
        is_insect
        ? "butterfly"
        : "rainbow"
    )
);
```

11.4 循环

JavaScript 有三种循环语句：for、while 和 do。我们其实只需要一个，甚至都不需要。

for 语句是 FORTRAN 中 DO 的后裔。两者都可以一次处理数组的一个元素，而大部分的变量管理工作等由程序员来自行处理。我们应当用数组的 forEach 方法来代替这种做法，这样就省得处理一些流程控制的变量了。我希望在 JavaScript 语言未来的某个版本中，数组的这些方法有并行处理的能力。写得不好的程序通常一次只用 for 语句处理一个元素。

我在教初学者学编程的时候，发现 for 语句三部曲(初始值；条件；增量)着实令人摸不着头脑。子语句是什么？为什么它们服从这样的特定顺序？并没有显式的说明，也没有什么特殊的记忆点。

总之，我不建议使用 for 语句。

while 与 do 语句都是通用的循环语句。虽然它们在语法上有很大的区别，但是用起来唯一的区别就是 while 语句在循环前判断条件，而 do 则在循环末判断。虽然视觉差异巨大，但是它们用起来居然差别不大。

我发现，我写的很多循环都不是在顶部或者底部判断条件并跳出的——有时候是在中部。所以我写的很多循环如下所示。

```
while (true) {
    // 做一些事情
    if (are_we_done) {
```

```
        break;
    }
    // 做别的事情
}
```

我个人认为最好的循环写法是使用尾递归（详见第 18 章）。

11.5 中断

JavaScript 中有四种中断语句（disruptive statement）来丰富控制流，其中并没有 goto！它们分别是 break、continue、throw 和 return。

break 语句用于退出循环。此外，它还可用于退出 switch 语句。但是如果 switch 语句在循环当中，情况就复杂了。

continue 语句是一种特殊的 goto 语句，用于跳到循环语句的顶部。我见过的所有包含 continue 的程序都能在将其移除后得到优化。

throw 语句用于抛出异常（详见第 14 章）。

我个人最喜欢的中断语句是 return。它会中断函数的运行，并指定返回值。学校教导我们，一个函数只应该有一个 return 语句。然而我从未见过任何证据表明这种理论是有益的。我认为更有意义的说法应该是在使用 return 的时候确信目前应当返回，而不是将所有的返回点集中到一处。

JavaScript 并没有 goto 语句，但是允许所有的语句有标记（label）。我认为这是一个设计错误。语句不需要有标记。

11.6 大杂烩

throw、try 语句和 catch 子语句都会在第 14 章说明。

import 和 export 语句会在第 15 章说明。

debugger 语句可能会导致执行被挂起，即类似于断点功能。dubugger 语句只应在开发阶段使用。在程序上线前，应该移除代码中的所有 dubugger 语句。

11.7　标点

JavaScript 允许 `if`、`else` 和各种循环语句的本体包含单条语句或者一个区块。无论如何，请始终使是用区块，即使区块中只有一条语句。这种实践会让程序更有弹性，降低修改代码时引入新错误的可能性。不要在代码中留下一些容易让同事中招的语法陷阱。让代码始终可以正常工作，这一点非常重要。

表达式语句、`do` 语句、中断语句和 `debugger` 语句都应当以分号（`;`）结尾。JavaScript 有一个不好的特性，叫自动分号插入（automatic semicolon insertion，ASI）。该特性旨在让初学者更容易上手，不必花心思在分号上面。然而，它并不实用，还容易出错。无论如何，请表现得像一个专业的程序员。与其设计这种华而不实的特性，还不如直接让 JavaScript 取消分号。这太容易出错了。

如果一条语句实在太长，写在一行比较难看，就需要换行。我通常在左圆括号（`(`）、左方括号（`[`）或者左花括号（`{`）后面换行。与之匹配的右圆括号（`)`）、右方括号（`]`）和右花括号（`}`）则以新的一行出现，其缩进与对应的左括号一致。缩进宽度为 4 个空格。

第12章

函　　数

○●●○○

若有可用之函数，则人皆得而用之；于书程序之时用，甚有利也。

——伊恩 · F. 柯里

第一代程序称为**例程**（routine）。例程即指令列表，与数据一起被加载进计算机。如果运气不错，我们能及时得到输出结果。

长期实践表明，实际上很难将例程作为单独的指令列表来管理。有些指令序列会出现在不同的例程中，还有些指令序列会在一个例程中出现多次。所以人们发明了子例程（subroutine）。我们可以将一系列实用的子例程收纳进一个库中，每个子例程都以一个调用编号标识，类似于号码簿上的电话号码。（当时，用单词、词组等命名是非常奢侈的行为。）

格蕾丝 · 穆雷 · 赫柏[①]开发了世界上首个编译器例程，名为 A-0。它可以处理一系列指令、调用编号，附带一个包含子例程库的磁带。它会根据调用编号找到对应的子例程，并将其编译进新的程序。**编译**（compile）在这里就是它的字面意思：通过汇总各方的资源来制造新的产物。这一领域给我们留下了许多充满艺术感并沿用至今的术语：汇编器（assembler）、编译器（compiler）、库（library）、源代码（source），还有最重要的调用（call）。

调用子例程的行为就像在图书馆中检索一本书。我们并不启动或者激活子例程，而仅仅是调用。格蕾丝少将为我们创造了许多相关领域的行话：这些机器因此被称作**计算机**（computer），而不是**电脑**（electronic brain）；而且我可以自豪地自称**程序员**（programmer）。

可以看到，子例程与数学意义上的函数（mathematical function）有一些渊源。FORTRAN II 有 `SUBROUTINE` 声明，我们可以通过 `CALL` 语句来激活它；它还有 `FUNCTION` 声明，可以返回用

---

① 格蕾丝 · 穆雷 · 赫柏（Grace Murray Hopper），1906 年 12 月 9 日出生于美国纽约，是“计算机软件工程第一夫人”、杰出的计算机科学家，也是美国海军少将。——译者注

在表达式中的值。

在 C 语言中，子例程与函数被合为一体，统称为函数。对于函数，C 语言并没有为其设计关键字，而其在 JavaScript 中的关键字是 function。

function 运算符用于创建函数。函数由形参列表和函数体组成，而函数体就是一个语句区块。

形参列表中的参数名是可以在函数中使用的变量名，由传入函数的表达式初始化。每个形参后面都可以跟一个等号（=）和表达式。如果对应参数的值是 undefined，那么后面跟着的表达式就会被用作该参数的默认值。

```
function make_set(array, value = true) {

// 将数组元素作为一个新对象的属性名返回

    const object = Object.create(null);
    array.forEach(function (name) {
        object[name] = value;
    });
    return object;
}
```

函数对象在调用的时候，可以传入零个、一个或多个表达式作为实参，并以逗号分隔。每个表达式会被计算出结果，并最终作为执行函数的形参。

实参列表和形参列表长度并不一定一样。多余的实参会被忽略，而缺失的实参则会被认为是 undefined。

三点省略号（...）在实参列表和形参列表中均可出现。当出现在实参列表中时，它被称为 spread 参数，会将一个数组展开，并将数组中的每个元素依次作为传入函数对应位置的实参；而当出现在形参列表中时，它被称为 rest 参数，从在实参中传入的当前位置起，所有参数都将被合成一个数组中的对应元素以供函数体使用。形参列表中的 rest 参数必须是整个参数列表的最后一个参数。这种特性可以让函数拥有动态数量个参数。

```
function curry(func, ...zeroth) {
    return function (...wunth) {
        return func(...zeroth, ...wunth);
    };
}
```

每当函数被调用的时候，都会创建一个活跃对象（activation object）[1]。该对象对开发者是不

① 自 ES5 之后，规范中就不再存在活跃对象的定义。此处亦不指 ES1/ES3 中的活跃对象，而是指其从 ES3 延续下来的抽象含义，其意类似于活跃记录（activation record）或栈帧（stack frame）。——译者注

可见的，是一个隐藏的数据结构，其中包含了函数在执行的时候必需的信息和绑定，以及返回值的地址，等等。

在 C 语言中，这个对象会在栈中被分配生成。当函数返回的时候，该对象会被销毁（或者出栈）。JavaScript 则不同，它从一个堆中分配该对象，跟日常用的对象没什么两样。此外，活跃对象并不会在函数返回时被自动销毁，它的生命周期与普通对象的垃圾回收机制一样，是根据引用数量决定的。

活跃对象包含：

- 对应函数对象的引用；
- 调用者对应的活跃对象，用于 `return` 之后的控制权转移；
- 调用完毕之后用于继续执行后续逻辑的恢复信息，通常是一个将在函数调用完毕之后立即执行的指令的地址；
- 函数对应的形参，从实参初始化而来；
- 函数中的变量，以 `undefined` 进行初始化；
- 函数用于计算复杂表达式的临时变量；
- `this`（如果函数作为一个方法被调用，那么 `this` 通常就是它的宿主对象）。

函数对象与一般的可变对象差不多，可以拥有很多属性。实际上，这种设计并不明智。理想状态下的函数对象应该是不可变对象。在一些安全场景中，共享的可变函数对象有可能变成“特洛伊木马”，里应外合产生风险。

函数对象中有 `prototype` 属性，方便进行伪类（pseudo-classical）方式的开发。`prototype` 对应的对象里有一个 `constructor` 属性，它包含一个该函数对象自身的引用，以及一个 `Object.prototype` 的委托连接。这会在第 16 章中详细讲解。

函数对象中包含一个 `Function.prototype` 的委托连接。函数对象通过该连接集成了两个不是特别重要的方法，分别是 `apply` 和 `call`。

函数对象还有如下两个隐藏的属性。

- 当前函数可执行代码的引用。
- 当函数对象被创建的时候，这个函数对应的活跃对象就被激活了，从而为闭包提供了可能性。函数可以通过这个隐藏属性去访问函数中创建它的变量。

在函数内部使用的并且在该函数外部声明的变量有时候被称为**自由变量**（free variable），而包括形参在内的、在函数内部声明的变量有时候则被称作**绑定变量**（bound variable）。

函数是可嵌套的。当嵌套的函数对象被创建时，它会包含一个外层函数对象所对应的活跃对象引用。

拥有“外层函数对象所对应的活跃对象引用”的函数对象就被称为**闭包**（closure）。这是编程语言史上迄今为止最重要的发现。闭包在 Scheme 语言中被首次使用，然后通过 JavaScript 成为主流。JavaScript 也因它而神奇。离开闭包，JavaScript 就没有了灵魂，只是一个由“还不错的设计初心”“一堆设计失误”和“类”堆砌而成的空架子。

第 13 章
生　成　器

○●●○●

今之作曲优伶[①]拒死。

——埃德加·瓦雷泽

ES6 引入了一个新特性，叫**生成器**（generator）。当时，标准的制定过程受到了 Python 的极大影响，生成器也应运而成。但是出于一些原因，我个人不建议使用生成器。

生成器的代码看上去与其实际用途相差甚远。它看起来与传统的函数很像，但是执行起来天差地别。生成器用 `function*`函数体创建函数对象，而该函数对象则会产生包含 `next` 方法的对象。它有一个与 `return` 语句类似的 `yield` 运算符，但是产生的值不是期望的返回值，而是一个包含 `value` 属性的对象，`value` 属性中的才是期望的返回值。一个小小的星号（`*`）就会带来巨大的行为差异。

生成器可以具有非常复杂的流程控制。结构化编程革命推崇的流程控制是清晰且可预测的。生成器之所以可以实现各种复杂的流程控制，是因为它们可被挂起和恢复。同时，它们也有可能与 `finally` 和 `return` 等一起导致各种令人迷惑的行为。

生成器建议多使用循环。不过将目光从对象转向函数的时候，我们应该远离循环。生成器反而期望大家使用**更多**循环。绝大多数生成器包含循环，而在循环体中又常伴以 `yield` 来产生各种值。使用者则通常用 `for` 循环去消费生成器产生的内容。生产侧一个循环，消费侧又一个循环，而实际上这两个循环都是不必要的。

生成器使用一种粗糙的面向对象接口。工厂生成一个对象，而生成器也返回一个对象。（在函数式设计中，工厂生成的是生成器函数，生成器函数才生成它对应的值。很明显，函数式设计

① 原文 composer 意为作曲家，但它是一个多义词，在本书语境中一般指构造器。——译者注

更简明易用。）

上面这些都还好说，最糟糕的是 ES6 的生成器完全没有存在的必要。当有更好的选择时，我建议你不要用生成器。

下面是一个 ES6 生成器的例子。

```
function* counter() {
    let count = 0;
    while (true) {
        count += 1;
        yield count;
    }
}

const gen = counter();

gen.next().value
// 1
gen.next().value
// 2
gen.next().value
// 3
```

想想我刚才的话，用更好的实现方式吧！

```
function counter() {
    let count = 0;
    return function counter_generator() {
        count += 1;
        return count;
    };
}

const gen = counter();

gen()
// 1
gen()
// 2
gen()
// 3
```

看看之前用生成器写的复杂代码，还是写一个返回函数的函数吧，这样更简单。

更好的方式

其实生成器本身是值得拥有的好东西。让我们用更好的方式来用生成器吧，先从返回函数的函数开始。设外层的函数是一个**工厂**，内层返回的函数是一个**生成器**。就像下面这样：

```
function factory(工厂参数) {
    初始化生成器状态

    return function generator(生成器参数) {
        更新状态

        return value;
    };
}
```

根据上面的模板，我们可以写出成千上万的生成器。生成器的状态被工厂函数中的变量秘密保管起来了。

首先写一个最简单的工厂函数吧。它接受一个参数，然后产生一个永远返回该参数的值的生成器。我们将这个工厂函数命名为 constant。

```
function constant(value) {
    return function constant_generator() {
        return value;
    };
}
```

接着写一个更有用的 integer 工厂函数。它产生的生成器会在每次调用的时候返回一个递增的整数，并在递增到一定的值时开始返回 undefined。我们用 undefined 来定义生成器的边界，表示序列的结束。

```
function integer(from = 0, to = Number.MAX_SAFE_INTEGER, step = 1) {
    return function() {
        if (from < to) {
            const result = from;
            from += step;
            return result;
        }
    };
}
```

再来写一个 element 工厂，它接收一个数组作为参数，产生的生成器每次都会返回数组的下一个元素。当返回 undefined 的时候，表示遍历到了最后。然后更进一步，让这个工厂函数可以接收第二个可选参数，即一个用于表示每次所使用的下标的生成器。默认情况下，我们使用每次递增 1 的下标生成器。

```
function element(array, gen = integer(0, array.length)) {
    return function element_generator(...args) {
        const element_nr = gen(...args);
        if (element_nr !== undefined) {
            return array[element_nr];
        }
    };
}
```

下面是一个 property 工厂，它与 element 类似，只不过是作用于对象的。它会以数组的形式依次返回传入对象的属性名和对应的值，同样返回 undefined 表示结束。这个工厂也可以接收第二个可选参数，用于表示每次使用的属性名的生成器。默认情况下，我们使用该对象属性的插入顺序。

```
function property(object, gen = element(Object.keys(object))) {
    return function property_generator(...args) {
        const key = gen(...args);
        if (key !== undefined) {
            return [key, object[key]];
        }
    };
}
```

collect 工厂接收生成器和数组。它返回的生成器的工作逻辑与传入的生成器一致，只不过在每次生成返回值的时候，还会顺便将该值附加到传入的数组中。

```
function collect(generator, array) {
    return function collect_generator(...args) {
        const value = generator(...args);
        if (value !== undefined) {
            array.push(value);
        }
        return value;
    };
}
```

我们可以将 repeat 函数作为一个驱动器。它接收一个生成器并一直调用，直到生成器结束并返回 undefined。这是我们在生成器体系下唯一需要的循环。我们可以将其改写成一个 do 语句，不过我个人还是喜欢写这种尾调用（详见第 18 章）。

```
function repeat(generator) {
    if (generator() !== undefined) {
        return repeat(generator);
    }
}
```

接下来就可以用 collect 函数来获取数据了。

```
const my_array = [];
repeat(collect(integer(0, 7), my_array));
// my_array 为[0, 1, 2, 3, 4, 5, 6]
```

我们还可以将 repeat 和 collect 结合起来，再造一个 harvest 函数。这个函数并不是生成器或者工厂，但其参数是一个生成器。

```
function harvest(generator) {
    const array = [];
```

```
    repeat(collect(generator, array));
    return array;
}

const result = harvest(integer(0, 7));
// result 为[0, 1, 2, 3, 4, 5, 6]
```

limit 工厂接收一个生成器，并返回一个只会执行固定次数的生成器。当次数到达上限的时候，新的生成器会直接返回 undefined。这个工厂的第二个参数就是次数上限。

```
function limit(generator, count = 1) {
    return function (...args) {
        if (count >= 1) {
            count -= 1;
            return generator(...args);
        }
    };
}
```

实际上，limit 工厂函数可以接收任何函数，不一定是生成器函数。举个例子，如果你传入一个祈福函数并传入 3，那么将得到一个可以祈福三次的生成器。

filter 工厂接收一个生成器和一个断言函数。断言函数只返回 true 或者 false。该工厂会返回一个新的生成器，它和传入的生成器很像，不过只会生成那些断言函数返回 true 的值。

```
function filter(generator, predicate) {
    return function filter_generator(...args) {
        const value = generator(...args);
        if (value !== undefined && !predicate(value)) {
            return filter_generator(...args);
        }
        return value;
    };
}

const my_third_array = harvest(filter(
    integer(0, 42),
    function divisible_by_three(value) {
        return (value % 3) === 0;
    }
));
// my_third_array 为[0, 3, 6, 9, 12, 15, 18, 21, 24, 27, 30, 33, 36, 39]
```

concat 工厂接收两个及以上的生成器作为参数，并将这些生成器拼接起来返回一个新的生成器。在调用新生成器的时候，它会一直调用第一个生成器直到结束，然后调用第二个生成器，如此直到所有生成器都被调用完毕。concat 用我们之前写的 element 工厂来优雅地实现该逻辑。

```
function concat(...generators) {
    const next = element(generators);
    let generator = next();
    return function concat_generator(...args) {
        if (generator !== undefined) {
            const value = generator(...args);
            if (value === undefined) {
                generator = next();
                return concat_generator(...args);
            }
            return value;
        }
    };
}
```

join 工厂接收一个函数以及一个或多个生成器，然后返回一个新的生成器。每次调用新生成器的时候，它会调用所有传入的生成器，然后将这些生成器产生的结果传给工厂第一个参数的函数。我们通过 repeat 和 join 就可以做到 for of 能做的所有事了。join 工厂的参数对标 for of 的循环体，可以一次性处理多个生成器流。

```
function join(func, ...gens) {
    return function join_generator() {
        return func(...gens.map(function (gen) {
            return gen();
        }));
    };
}
```

通过之前实现的各种工厂函数，我们可以创建一个新的 map 函数，其作用与数组的 map 方法类似。它接收一个函数和一个数组，并返回一个新数组，其中每个元素都包含用原数组中各元素调用函数得到的结果。

```
function map(array, func) {
    return harvest(join(func, element(array)));
}
```

objectify 工厂给了我们另一种构造对象的方式。

```
function objectify(...names) {
    return function objectify_constructor(...values) {
        const object = Object.create(null);
        names.forEach(function (name, name_nr) {
            object[name] = values[name_nr];
        });
        return object;
    };
}

let date_marry_kill = objectify("date", "marry", "kill");
```

```
let my_little_object = date_marry_kill("butterfly", "unicorn", "monster");
            // {date: "bufferfly", marry: "unicorn", kill: "monster"}
```

生成器介于纯函数和非纯函数之间。之前的 constant 生成器是纯的，而大多数生成器则是非纯的。生成器可以是有状态的，但是这些状态被隐藏在工厂的闭包中，只有通过调用生成器才能更新闭包中的状态。也正因为这样，它们很多时候可以不受非纯函数副作用的影响。这就让生成器有很好的构造。

诚然，我们应当尽可能提高程序的纯度。然而程序实际上不可能是百分之百纯的，因为与之交互的世间万物都是不纯之物。那我们如何知道哪些可以是纯的，而哪些又必须是非纯的呢？生成器可以给我们一些指引。

第 14 章

异　　常

○●●●○

非也，莫仅试之。或尽为，或不为。

——尤达大师，《星球大战 5：帝国反击战》

程序员一般是乐天派，通常会潜意识地认为每一行代码都会按照期望运行。但即使如此，他们也知道 bug 是不可避免的。

我们调用的函数可能会抛出异常，执行失败。尤其在使用第三方的代码时，更难把控这种可能性。耦合的一个方面就是错误的模式。执行失败的时候究竟会发生什么？整个程序会崩溃吗？我们是否需要再次尝试调用这个函数？错误信息又该如何传递呢？

就目前而言，处理这些失败最常用的做法就是**异常处理**。这是一种可以让我们乐观写代码的方式，不需要在每个函数返回的时候都检查那些有可能模棱两可的错误码，也不需要轮询全局的**戒备状态**（defcon）寄存器来时刻确认程序是否开始不稳定了——我们只需要假设一切正常即可。一旦异常发生，当前的执行会被停止，然后异常处理逻辑就会决定接下来的执行逻辑。

JavaScript 的异常管理借鉴于 Java，而 Java 的异常管理则借鉴于 C++。C++是一门没有现代化内存管理特性的语言，所以在程序执行出错的时候，调用链中的每个函数都要自行显式释放自己分配的内存。JavaScript 有一套成熟的内存管理机制，却错误地引用了 C++的内存模型含义。

`throw` 语句用于表示执行失败。C++本应与 Ada 语言一样，使用 `raise` 语句来抛出异常。然而 `raise` 已经在 C 语言库中被使用，所以 C++只能用一个从未使用过的单词作为关键字。

我们可以在 JavaScript 中用 `throw` 抛出任意类型的值。虽然人们日常使用 `Error` 构造函数来创建 `throw` 值，但这不是必需的。你几乎可以抛出任何东西。异常对象在 C++与 Java 中是必要的，而在 JavaScript 中则是多余的。

```
throw "That does not compute.";
```

try 语句将异常处理逻辑打包放在 catch 这个附加项中。它可以接收一个参数，即 throw 语句抛出的内容。

```
try {
    here_goes_nothing();
} catch {
    console.log("fail: here_goes_nothing");
}
```

在 try 块中，一旦有异常被抛出，JavaScript 就会执行 catch 附加块中的逻辑。

try 的设计可实现非常精细的异常管理。在函数中，每个语句都可以有一个与自己相关的 try-catch 语句。每个 try-catch 语句中还可以嵌套 try-catch。try 块中甚至可以含有 catch，catch 区块中也可以含有 try，而这两者又都可以包含 throw 语句。个人建议，每个函数最好不要包含多于一个 try。

14.1 层层递进

异常管理很重要的一个目标就是，在实现其价值的前提下，不对正确运行的程序造成性能损失。触发异常的时候可能会有一定的性能损失，但是这在理论上是少数情况，而且即使触发，代价也不是很昂贵。

JavaScript 编译器会为每个函数生成一个捕获图。捕获图会将函数体中的指令位置映射到处理这些位置的 catch 中去。函数在正常执行的时候并不会用到这些捕获图。

当前函数执行到 throw 语句的时候，就会触发一个异常，继而询问该函数的捕获图。如果能找到对应的 catch 块，那么该块就会获得程序的控制权，并继续执行。

如果未能找到对应的 catch，那么该函数将调用者设为“当前函数”，而调用刚才抛出异常的函数的位置就变成了新的异常触发位置。这个时候，“当前函数”的捕获图会再一次被询问。同样，若能找到对应的块，则获取控制权继续并执行。

如此层层递进，可以找到对应 catch 块的位置。如果直到调用栈底部还未找到 catch 块，就得到了一个未捕获的异常（uncaught exception）。

这是一种简单而优雅的机制，促成了这样的编程风格：将重心放在成功上，但又不完全忽略异常情况。但是这种风格容易被误用。

14.2　普通异常

最常见的滥用方式就是用异常来传达正确的结果。例如，对于一个读取文件的函数，**文件不存在**错误不应该是异常。这是一个正常的逻辑。异常仅用于指那些无法预期的问题。

Java 鼓励将异常作为一些类型问题的解决方案。一个 Java 方法只能返回一种数据类型的结果，所以异常就会被用作返回一些其他类型的普通结果的备用通道。这可能导致一个 `try` 语句后面跟着多个 `catch` 子语句。这种做法会与真正的异常混在一起实现，所以经常引起混淆。其实大家想要的是一个类似于 FORTRAN 中那样的 `GOTO` 语句,其变量是一个用于跳转的目标地址。

`catch` 子语句的顺序必须严格正确放置，才能在正确的 `catch` 中捕获正确的异常。`catch` 子语句并不与 `switch` 一样是通过判断相等来进行严谨选择的，而是基于类型转换规则进行选择的，这一种粗犷的判断方式。任何需要显式地强制转换类型的系统都是“残次品”。

触发异常后，获取控制权的路径由创建异常对象的方法决定。这就造成了抛出异常的逻辑与捕获异常的逻辑之间的强耦合，不利于简洁的模块化设计。

这种耦合有可能产生多种执行路径，会让释放已分配资源变得异常复杂。这个时候 `finally` 子语句就派上用场了，可以减轻这种复杂性。`finally` 子语句没有任何参数，会在每个 `try` 或者 `catch` 执行完毕之后被调用。

JavaScript 在这方面就做得很好。如果 `try` 执行成功了，我们就能得到一个很好的运行结果。JavaScript 灵活的类型设计也足以让我们处理各种预期的情况。

如果真的有一些预期之外的情况发生，那么 `catch` 子语句就会开始工作。故事就往另外的方向发展了——要么全剧终，要么一切重演。当开始执行 A 计划并成功时，我们可以夸夸自己；如果执行失败，就应该启动 B 计划。

```
try {
    plan_a();
} catch {
    plan_b();
}
```

错误恢复很难，对其进行测试难上加难。所以我们应该采用一种简单可靠的方式，将所有的预期结果都作为返回值，只抛出真正的异常。

想象是美好的，但是实际情况往往是，很多程序是由那些长期受其他语言思维“迫害”的程序员所写。他们有可能在应该返回值的时候抛出异常。他们将 `catch` 子语句变得异常复杂去解决那些无法解决的问题，使代码变得难以维护。最后，他们用 JavaScript 支持却是鸡肋的 `finally` 来清理前面造成的各种混乱。

14.3 事件化的局限性

异常是通过层层递进栈来工作的。抛出的异常值会被传递给调用栈中的低层函数。在事件化编程中，程序每一轮执行完毕之后都会将调用栈清空。我们无法跨时空抛出异常。所以“异常”的作用十分有限，它只能表示当前时间帧里的当下问题。我们会在第 20 章进一步探讨。

14.4 安全性

通过限制函数的可操作对象，只让函数操作它们需要用到的引用，就可以在一定程度上限制它们潜在的破坏力，这是一个非常重要的安全模型。然而在目前的一些实践中，异常可能为两个不受信的函数提供了沟通的渠道。

例如，我们草率地在服务器上安装了甲和乙两个包。这种做法其实存在风险，但是由于这两个包有各自的用处，因而我们认为这个风险是可接受的。假设我们给甲访问网络套接字的权限，给乙访问服务器私钥的权限。这个时候，如果甲和乙无法通信，那么一切都是完美的。

假设甲在一些场景下需要做一些加密操作，但是我们又不想其与乙直接接触，这时就需要编写一个受信的中间函数。我们允许甲调用中间函数，而中间函数则调用乙，乙的返回值是返回给中间函数的。这个时候，中间函数校验乙的返回值，看它是否是预期安全的，再将其返回给甲。

但是如果乙这么做：

```
throw top_secret.private_key;
```

并且我们写的中间函数并没有做 `catch` 操作，或者做了但是又将其直接重新抛出（这是 C++推崇的一种坏习惯），那么甲就可以获取这个私钥并交给坏人了。真是狼狈为奸。

14.5 可靠性

当程序出现严重错误的时候，应该如何处理呢？一个函数调用另一个函数，本身会预期得到一些结果或者副作用。但是如果它并没有起到预期的作用，而是得到“有参数超出范围”“对象不可修改”等异常对象，在当下的科技水平下，我们期望该函数可纠错是不大现实的。

异常对象中的一些详细信息对程序员来说非常重要。该信息会被传递到一个可能不会用它的函数中，信息流也就这样一点一点腐化。这些信息原本应该被发送给程序员，例如通过日志的形式。但现实是，这些信息是沿着调用栈传递的，可能会在传递过程中被误用或者遗忘。异常机制导致了我们对系统的误设计，而且这个机制自身就存在一些不可靠性。

第15章
程　　序

○●●●●

迎驾诸程式！

——凯文·弗林，《电子世界争霸战 Tron》

JavaScript 是以源码的形式被传递给执行侧的，它最初的用途是给网页加上一些交互性。由于 HTML 本身是一种文本格式，JavaScript 一开始被以源文本的形式嵌入网页。这是一种很不寻常的做法。大多数其他编程语言将程序以不同机器的指令代码或一些更便携的格式（如字节码的指令流）传递给执行侧，这些字节流会被交给解释器或者代码生成器处理。

执行侧的 JavaScript 引擎会编译 JavaScript 源码，生成机器码或解释代码，或者两者都生成。这就让 JavaScript 拥有非常好的便携性，用它写的程序可以无视机器的架构。无论底层是什么，单个版本的 JavaScript 程序可以在任何 JavaScript 引擎上运行。

JavaScript 编译器可以快速、轻松地验证程序的一些重要安全属性：它可以确保程序不能计算任何内存地址，不能跳转到受限位置，不能违反类型限制，等等。Java 对其字节码也有类似的验证，但是做不到像 JavaScript 那么快速、轻松，也不够确定。

JavaScript 的某些语法特性使解析面临不必要的困难。即便如此，JavaScript 引擎还是可以快速编译、加载并执行，比 Java 加载执行.jar 文件快多了。

JavaScript 程序是以源码单位进行分发的。源码单位通常是.js 文件，也可以是 JSON 对象中的字符串，还可以是从数据库或者源码管理系统中检出的源文本。

在早期的 Web 浏览器中，源码单位是页面的一部分，如`<script>`标签中的内容，或者内联的事件处理程序。在下面的示例中，`alert("Hi");`就是一个源码单元。

```
<img src=hello.png onclick=alert("Hi");>
```

现在大家都已经承认，将 JavaScript 嵌入 HTML 页面是一个不良实践。这种做法对设计不利，因为它在表示和行为之间没有分隔；对性能不利，因为页面中的代码无法被 gzip 压缩或被缓存；对安全性也不利，因为它是 XSS 的温床。我们应该始终遵循 W3C 的内容安全策略（Content Security Policy，CSP），禁止所有的内联源码。

源码单元可以被看作没有参数的函数体。它会被编译成一个函数并调用。这可能会触发函数对象的创建和执行。

执行完毕后，程序很可能就结束了。但在 JavaScript 中，通常在源码单元中注册接收事件或消息，或者将函数导出给另一个源码单元使用。JavaScript 并不要求一定以这种方式编写程序，但这是一种公认的好方式，并且 JavaScript 可以比其他语言更好地支持这种方式。

（历史备忘录：内联事件处理程序的工作方式与此略有不同，其中的源码单元还是被看作没有参数的函数体，但是该事件处理函数创建后并不会被立即调用，而是被绑定到 DOM 节点，当对应事件触发后才被调用。）

15.1　起始之源变量

有些对象和函数在每个源码单元中都是自动可用的，如 `Number`、`Math`、`Array`、`Object` 和 `String` 等，还有很多在 ECMAScript 规范中进行了定义。另外，宿主环境（如浏览器或者 Node.js 等）也会额外增加不少。这些都可以在源码单元的所有函数中使用。

15.2　全局变量

在“上古”浏览器的编程模式中，所有在函数外声明的变量都会被添加到**页面级别**（page）的作用域中，即**全局**（global）作用域。这听起来是不是很华而不实？该作用域还包含 `window` 和 `self` 两个引用。页面级别作用域中的变量对该页面中的所有源码单元都是可见的。

这真是太糟了，无异于在鼓励大家都采用共享全局变量的编程风格。这种做法容易催生 bug，让程序变得脆弱。当两个独立的源码单元不小心用了一样的变量名时，就极有可能导致预期之外的错误。同时，这种做法还存在极大的安全问题，XSS 也会因此滋长。

全局变量就是恶魔。

还好，现在这些编程方式在慢慢回归正途。

15.3 模块变量

相较于添加至全局作用域中，将所有声明在函数外的变量添加至**模块级别**（module）的作用域中显然更好。这样，它们只对当前源码单元中的函数可见。这种方式让代码变得更健壮、更稳定、更安全。

现在，可以使用 import 和 export 语句来与别的源码单元互通有无。水能载舟，亦能覆舟。我们能通过这些语句写出好的程序，但是使用不当的话也能毁了程序。我们应该专注于其优点。

源码单元的代码本体只会被执行一次，也就是说，所有 import 用的都是同一份 export。如果导出产物是有状态的，且每个导入的地方都期望该状态不共享，那么这种机制就会有问题。这种情况下，我们应该导出一个用于生成原始、不共享状态实例的工厂函数，而不是直接导出实例。

export 语句如下：

```
export default exportation;
```

不得不说，这段代码中的 default 真是块“臭石头”，而 *exportation* 表达式就是你要导出的冻结对象或函数。

导入操作允许你从另一个源码单元中接收函数或者对象。你需要选择一个新的变量名来接收导入的内容，还需要以带双引号（"）的字符串字面量来指定目标源码单元的名字或者程序能识别的地址，并在必要时对其进行读取、编译、加载和调用等。

你可以将 import 语句视为特殊的 const 语句，它会从其他地方获取初始值，就像这样：

```
import name from string literal;
```

我个人推荐在一个源码片段中只写一个 export 语句，但是可以根据自己的需要写多个 import 语句。将导入语句写在源码单元的顶部，将导出语句写在底部。

15.4 内聚与耦合

微观层面的优秀程序取决于良好的编码约定，后者有助于提高优秀代码和不良代码之间的视觉差异，从而使错误更容易被发现。

宏观层面的优秀程序则取决于模块设计。

优秀的模块高内聚，也就是说，其内在的所有元素都是相关的并在一起完成一件特定的事情；不良的模块则低内聚，组织性极差，总想做很多不同的事情。JavaScript 的函数在此就可以体现其强大之处了，我们可以往模块中传入一个函数，使模块不再需要关心处理的特定细节。

同时，优秀的模块低耦合。你不需要了解模块的实现原理，只需有限地对其接口进行了解即可很好地使用——优秀的模块应该隐藏它的实现不好的模块会则高耦合。JavaScript 提供了许多提高耦合性的方式。相互依赖的模块会紧密地耦合在一起，就跟“华而不实”的全局变量一样糟糕。

让你的模块接口保持简单、纯净吧，最小化其依赖的内容。我们真的应该设计一套良好的架构来让程序具有足够的结构性以支撑日益庞大的项目，并且保持不崩溃。

关于内聚与耦合，我推荐两本经典著作：

- Glenford Myers 的 *Reliable Software Through Composite Design*（1975）；
- Edward Yourdon 和 Larry L. Constantine 的 *Structured Design*（1979）。

这两本书都是在面向对象编程概念被提出之前出版的，因此已然过时、被人遗忘。但是它们关于高内聚低耦合的教义却始终正确且重要。

第16章

this

●○○○○

吾创“面向对象”术语矣，然亦曰吾无 C++在胸。

——艾伦·凯[①]

Self语言是Smalltalk语言的一种方言，用原型替代了类。一个对象可以直接继承自另一个对象。原来的模型由于高耦合性而使扩展性变得脆弱和膨胀，而Self语言的原型特性是一种出色的简化。原型模型相比之下更轻巧、更具表现力。

JavaScript实现了原型模型的一个怪异变体。

创建对象的时候，我们可以指定一个原型来包含新对象的部分或者全部内容。

```
const new_object = Object.create(old_object);
```

对象只是属性的容器，而原型本质上其实还是对象。方法只是存储在对象中的函数。

如果尝试检索对象上不存在的属性，那么将得到 `undefined`。若该对象有原型（就像上面代码中的 `new_object`），则将得到对应原型里的属性值。如果从原型上仍然检索不到，那么继续检索原型的原型，层层下沉。

多个对象可以共享一个原型。这些对象可被看作一个类的实例，但它们在本质上只是恰好共享了同一个原型而已。

原型最常被用作方法的容器。相似的对象都有相似的方法，所以将所有方法挂载到同一个共享原型上比将它们在每个对象上挂载一遍更节约内存。

① 艾伦·凯（Alan Kay）是美国计算机科学家，在面向对象编程和窗口式图形用户界面方面做出了先驱性贡献，还是Smalltalk的创造者。——译者注

那么，原型上的函数如何知道自己在执行的时候应该作用于哪个对象呢？这就要用到 this 了。

在语法上，方法调用的运算符是点号（.）加调用括号（()）或者下标括号（[]）加调用括号（()）。此类调用的表达式分为三个子表达式：

- 对应的宿主对象；
- 方法名；
- 参数列表。

JavaScript 会在对应对象及其原型链上搜索对应的方法名。若未搜索到对应函数，则会触发异常。这是一个有利于使用多态的好设计，你无须关心对象的继承关系，而只要关心对象当下拥有的能力即可。若对象不存在该能力，则会触发异常；若存在该能力，则直接使用，不需要关心它是从哪个原型上获取的。

如果在对象上搜索到了对应函数，则需要对其传入参数。在函数内部，还有一个绑定了该对象的 this 隐藏参数。

如果该方法还声明了一个内部函数，则该内部函数的 this 并不是原来的对象。这是因为内部函数是被作为函数进行调用的，而只有方法的调用才会绑定 this。

```
old_object.bud = function bud() {
    const that = this;

// lou 的 this 不是 old_object，但是可以通过 that 访问它

    function lou() {
        do_it_to(that);
    }
    lou();
};
```

this 绑定只在方法调用时生效，所以

```
new_object.bud();
```

执行成功，而

```
const funky = new_object.bud;
funky();
```

失败。funky 的引用与 new_object.bud 的引用是同一个函数，只不过 funky 是以函数的方式被调用的，所以没有 this 绑定。

this 还有很神奇的一点就是，它可以动态绑定。不过所有其他变量都是静态绑定的，这是

JavaScript 的混乱根源之一。

```
function pubsub() {

// pubsub 工厂创建了包含 publish/subscribe 的对象。访问该对象的源码就可以
// 订阅一个用于接收信息的函数，并将生产出来的信息发布给所有的订阅函数。

// subscribers 数组是用来记录订阅函数的。它被隐藏在 pubsub 函数作用域内部。

    const subscribers = [];
    return {
        subscribe: function (subscriber) {
            subscribers.push(subscriber);
        },
        publish: function (publication) {
            const length = subscribers.length;
            for (let i = 0; i < length; i += 1) {
                subscribers[i](publication);
            }
        }
    };
}
```

订阅函数（subscribers）在调用时会有一个 this 绑定，因为我们是这么调用的。

```
                subscribers[i](publication);
```

这是一个方法调用。即使看起来不大像，也不得不承认。每个订阅函数都可以通过 this 来访问 subscribers 数组，这就存在一定的安全隐患。例如，一个订阅函数可以通过这个特性删除所有其他订阅者，或者拦截甚至修改订阅内容。

```
my_pubsub.subscribe(function (publication) {
    this.length = 0;
});
```

this 会对安全性和可靠性造成威胁。若函数被存储到数组中，稍后再调用该函数时，通常就会给它一个 this 绑定来指向数组。如果我们不想让函数可以访问该数组，那么就有可能出错。事实上，我们大部分时候是不想让其可以访问数组的。

其实可以用 forEach 来代替 for，从而修复 publish 函数。

```
        publish: function (publication) {
            subscribers.forEach(function (subscriber) {
                subscriber(publication);
            }
        }
```

所有变量都是静态绑定的，很棒。this 则是动态绑定的，它是由调用者决定的，而不是函数的

生产者。这很糟糕，会造成混乱。

一个函数对象有两个原型属性：一个是指向 `Function.prototype` 的委托链接；另一个则是 `prototype` 属性，它包含一个对象的引用，该对象会在其通过 `new` 运算符进行构造函数调用来构造新对象时被使用。

构造函数调用就是在调用该函数之前加一个 `new` 运算符。`new` 运算符做了下面这些事：

- 让 `Object.create(`*function*`.prototype)` 为 `this`；
- 用上一条的 `this` 去调用**构造函数**；
- 如果**构造函数**最终未返回对象，则强制使其返回 `this` 的值。

可以用 `Object.assign` 函数将一个原型上的方法复制到另一个原型上，这是“继承”的一种实现方式。更普遍的做法则是将函数对象的原型属性替换为由另一个构造函数构造出来的对象。

由于每个函数都是潜在的构造函数，我们很难看出到底应该在什么时候使用 `new` 运算符。更糟糕的是，当我们忘了写 `new` 时，不会出现任何警告信息。

所以我们通常会约定：需要用 `new` 调用的构造函数必须以大驼峰命名法命名，且只有这种情况应当使用大驼峰命名法。

JavaScript 还有一种更传统的 `class` 语法，是专门为那些不了解也不想了解 JavaScript 奥秘的开发者设计的。它可以让其他语言的开发者以更低的学习成本上手 JavaScript。

尽管 `class` 语法从语义上看是类，但在本质上根本不是类。它只是一种模仿类的写法的语法糖。这种写法保留了传统模型糟糕的一面——扩展（extend），将类高度耦合在了一起。上一章就提到过，这种高耦合的写法会提高程序的脆弱性，是一种不良实践。

去 this 化

2007 年，多个研究性项目尝试开发出 JavaScript 的安全子集，而其中最大的问题就是 `this` 的管理。在方法调用中，`this` 会被绑定到对应的对象上。这种行为有时候是好的，但在其作为函数被调用时，`this` 就会被绑定到全局对象上，这就是一件糟糕的事了。

我建议的方案是完全取消 `this`，因为我认为它既没用又会造成问题。如果将 `this` 从 JavaScript 中移除，JavaScript 仍是一门图灵完备的语言。所以，我自身已经开始了去 `this` 化的编程方式，这样就可以免受其害了。

自从这么做之后，我发现用 JavaScript 编程并没有变难，反而变简单了，写出来的程序也更轻巧、优雅。

因此我建议大家遵循去 `this` 化的原则。你会发现这是一个明智的决定，生活也会因此变得更加阳光明媚。我并不是要夺走你的 `this`，只是想让你成为一个无忧无虑的程序员。用“类”写代码的程序员终将走向一片凄迷的“代码坟场”。

`this` 真是个坏家伙。

它（`this`）是一个指示代词。在编程语言中使用**它**会让其难以用人类语言表述。老这么讲来讲去，你就会觉得自己是在跟巴德·阿伯特和卢·科斯特洛[①]结对编程一样。

---

① 巴德·阿伯特和卢·科斯特洛是活跃于 20 世纪中叶的美国著名喜剧二人组，代表作有《两傻大闹好莱坞》《两傻大战科学怪人》等。——译者注

第 17 章

非类实例对象

●○○○●

汝自谓精明，自谓无类[①]，自谓逍遥。

——约翰·列侬

在面向对象编程中，程序中各部分与其他部分的通信模型是很重要的一个课题。如果将方法名及其对应参数看作一条消息，调用对应的方法就相当于往对象发送这条消息。各个对象在收到消息的时候，就会做出相应的行为。消息的发送方会假定对象知道如何处理这条消息。

去 `this` 化的一种方案就是多态。每个可以识别特定消息的对象都可以处理该消息，而究竟如何处理则取决于对象的内在逻辑。

不幸的是，我们被继承抢占了先机。继承是一种强大的代码复用模式。代码复用是编程过程中很重要的思想，减少了我们的工作量。继承的思想基于"大同小异"（same as except），即除了某些特定的重要差异之外，一个对象或者类的实例与另一个对象或者实例是一样的。当逻辑简单的时候，这种做法是非常美好的。要知道，现代化的面向对象思想始于 Smalltalk，这是一门面向儿童的编程语言。但是当逻辑复杂起来的时候，继承带来的问题就接踵而至了。继承会引起类之间的高耦合。类的更改可能会引起其子类、孙类等的错误。这些类慢慢会变成腐化的"家族"。

我们还会把过多注意力放到属性上，而不是对象本身上。我们可能会过分强调单独属性的 getter 和 setter，而在很多不好的设计中，它们都是公有变量，可以在对象未察觉的情况下私自更改。一种好的设计是将这些变量变为私有的，并以事务的形式处理方法，而不是仅仅修改属性内容。然而这种实践并未被广泛推行。

我们还过度依赖类型。类型是 FORTRAN 及之后的一些语言才拥有的特性，其出现主要是为

① 原文此处是 classless，在本章中，作者想指的是非类对象实例。——译者注

了方便编译器的编写者。后来，类型特性逐渐成长，人们铺天盖地地宣传它可以保护程序免于出错。然而神奇的是，尽管有类型的保护，程序里的错误仍然每天都在发生。

类型的确可以让编译器尽早发现一些 bug，这值得称赞，因为 bug 越早发现越好修。但如果对程序进行充分的测试，同样可以很快地发现这些 bug。所以类型发现的都是一些低级错误。

类型系统即使没能找出高级一些的 bug，也不会遭到责怪。还有一些 bug 是因为类型系统需要规避而引起的，这也不会怪到它们头上。类型系统诱使我们接受模棱两可、复杂、暧昧的编码实践。

类型就像减肥保健品。当保健品见效的时候，它就赢得了口碑。不过当我们体重反弹并且持续上涨时，却不会责怪它。当我们肚子疼或者身体出现别的不适时，也不会责怪它。减肥保健品让我们相信可以在继续吃垃圾食品的同时保持苗条的身材。

传统的“继承”会造成类似的假象，在我们写出更多 bug 和“历史包袱”的时候，它仍然能让我们相信自己正在编写优秀的代码。的确，当我们忽略那些负面因素时，类型的设计的确是个美物。但当我们系统性地看待类型时，就会发现成本其实超过了收益。

17.1 构造函数①

第 13 章介绍了工厂模式（返回函数的函数）。我们现在可以用构造函数来实现类似的逻辑，即返回函数集对象的函数。

我们先写一个与 counter 生成器类似的函数 counter_constructor，其返回的对象包含两个方法：up 和 down。

```
function counter_constructor() {
    let counter = 0;

    function up() {
        counter += 1;
        return counter;
    }

    function down() {
        counter -= 1;
        return counter;
    }
```

① 此处所说的构造函数是非类实例对象的构造函数概念，并非传统面向对象编程中所说的构造函数。——译者注

```
    return Object.freeze({
        up,
        down
    });
}
```

返回的对象是一个冻结对象，不能被更改和损坏。同时，它又是一个有状态的对象。counter 变量相当于这个对象的私有属性，只能在方法内被访问到。此外，代码通篇没有 this。

还有很重要的一点是，这个对象的方法是它唯一的接口。我们无法直接访问它内在的数据，所以它非常坚固结实。这是最好的封装方式，也是好的模块化设计。

所谓构造函数，就是返回对象的函数。它的参数和变量会成为所返回对象的私有属性，没有公有属性。构造函数内的一些函数则会成为所返回对象的方法。私有属性被关在闭包内，而公有的方法则被打包进返回的冻结对象中。

这些方法应该以事务的方式实现。假设我们有一个联系人对象 person，并且想支持对其地址的更改。这个时候，不应该为更改地址中的每个部分单独设置方法，而是应该写一个方法来接收能描述地址中每个部分的对象字面量。

对象字面量真是 JavaScript 中的一个绝妙设计，是一种能优雅地表示各种聚合信息的语法。让方法可以接收对象字面量能有效地减少方法数量，提高对象的完整性。

所以，我推崇两类对象：

- 只包含方法的“硬对象”，它们通过闭包来捍卫私有数据的尊严，具有多态性与封装性；
- 只包含数据的“软对象”，它们不具有任何行为，只是一类可以被函数处理的数据集合。

大家对面向对象编程的一个认知是，要先向 COBOL 记录增加执行过程来为其添加行为。我认为方法与数据属性共存的确是一个重要的里程碑，但不应该是终态。

如果需要将“硬对象”转换为字符串，还应为其添加一个 toJSON 方法，否则 JSON.stringify 只会看到一个空对象，因此方法和私有属性都不会被其接收（详见第 22 章）。

17.2　构造函数参数

我曾经写过有 10 个参数的构造函数。它太难用了，谁都记不住参数的顺序。后来，我发现第二个参数没什么用。虽然我想将其从参数列表中移除，但这么一来就会破坏已经写好的代码。

后来我学聪明了，只让构造函数有一个参数。这个参数是一个对象，通常是以对象字面量的形式传入的，但有时候也可以来自其他代码源，如 JSON 数据。

这么做有好几个好处：

- 键名可以让代码本身成为“文档”，当我们读到代码的时候，就能明白每个字段的含义；
- 参数无须按顺序传入；
- 以后可以无痛新增参数；
- 过时的参数会被忽略，并不一定要删除。

这个参数通常用于初始化对象的私有属性，例如：

```
function my_little_constructor(spec) {
    let {
        name, mana_cost, colors, type, supertypes, types, subtypes, text,
        flavor, power, toughness, loyalty, timeshifted, hand, life
    } = spec;
```

你看，这就从 spec 中初始化了 15 个私有变量。如果 spec 缺失了其中的某几个属性，那么对应变量会被初始化成 undefined。这也为我们设置默认值提供了可能性。

17.3 构造器

JavaScript 是一门极具表现力的语言。它自身不是一门传统的编程语言，却支持我们以传统的形式去编写代码，有时候甚至能比用传统语言写得更好。我们还可以用函数构造器。所以，除了本章开始所讲的“大同小异”思想之外，我们还可以用“东拼西凑”（a little bit of this and a little bit of that）思想。这是实现构造函数的日常思路：

```
function my_little_constructor(spec) {
    let {member} = spec;
    const reuse = other_constructor(spec);
    const method = function () {
        // 可以使用 spec、member、reuse、method
    };
    return Object.freeze({
        method,
        goodness: reuse.goodness
    });
}
```

你的构造函数可以随意调用其他构造函数，从而获得相应的行为能力。我们甚至可以为其传入同一个 spec 参数。当我们书写文档的时候，spec 的属性里既有 my_little_constructor

需要的字段，也有其他构造函数需要的字段。

通常情况下，只需简单地将生成的方法直接挂载到要返回的冻结对象即可。但还有些时候，需要额外实现新方法去调用生成的方法。这种做法类似于继承，但的确是低耦合的。纯函数调用是最原始的复用方式，也是最好的复用方式。

17.4　内存占用

比起用原型方式构造的对象，本章介绍的构造函数返回的对象会占用更多内存。这是因为每个“硬对象”中的方法都是实打实存在的，而原型方式实现的对象中的方法则只是原型链上的引用而已。然而对于当下的内存容量级别而言，多出来的这点儿内存并不是什么问题。以前内存的度量单位是千（K），而现在则是千兆（G）。多出来的这点儿内存对于现在的级别来说简直就是九牛一毛。

我们可以通过模块化上的改进来减小这种差距。属性的事务方法就是减少方法数的一个有效形式，而且能提高内聚性。

在传统的模型中，每个对象都是类的一个实例，其尺寸是一个模子里印出来的。JavaScript摆脱了这种限制，不是所有对象都应该是“硬”的。

举例来说，我不认为点（point）应该是只有方法的“硬对象”，而应该只是两三个数的容器。将点对象传入函数就能做各种操作，这比将点看作类、为其添加各种特定的行为要高效得多。真的，让函数去处理就够了。

第18章

尾 调 用

●○○●○

吾辈处事时常遇此境，须乘时机之尾以对其势。

——W. C. 菲尔兹

我们有时候会依赖于对系统的优化来让程序跑得更快。实际上，优化是对规则的一种破坏，而且我们有时候甚至不清楚它究竟破坏了什么。优化不应该成为程序变差的借口，也不应该成为引入新 bug 的借口。

优化不仅不应该引入更多错误，还要消除一些错误，成就良好的编程范式。**尾调用优化**（tail call optimization）就是这样一种优化。很多专家认为这种优化本来就应该存在于日常开发中，而不应该作为一种优化手段。它在规范中被称为**正确的尾调用**（proper tail call），所有其他尾调用的实现都是不正确的。

我在本书中仍然想称其为优化，因为大多数程序员时常忽略这些日常的正确行为，而对“优化”异常热衷，哪怕是根本不起任何作用的优化。我希望他们重视这个特性。

当一个函数做的最后一件事是返回另一个函数的返回结果时，就出现了尾调用。在下面的示例中，`continuize` 是一个接收任意返回类型函数 `any` 的函数，而它的返回值是一个 `hero` 函数。在 `hero` 函数中调用 `any` 函数，并将返回值作为参数传给 `continuation`。

```
function continuize(any) {
    return function hero(continuation, ...args) {
        return continuation(any(...args));      // <-- 尾调用
    };
}
```

当一个函数返回另一个函数的返回值时，我们就称其是一个**尾调用**。说起来真可笑，我们居然不称其为**返回调用**。

尾调用优化很简单，却意义深远。用传统的指令集打比方的话，continuize 生成的指令包含：

```
call continuation # 调用 continuation 函数
return            # 返回到调用 hero 的函数
```

call 指令将下一个指令的地址（在这里是 return）推入调用栈，然后将控制权转交给在寄存器中被标记为 continuation 的地址对应的函数。当 continuation 函数执行完毕的时候，它就会将栈中 return 的地址推出并跳转到该地址。然后 return 指令会继续将栈顶元素推出，继而跳转到之前调用 hero 指令之后的一个指令。

尾调用优化则将两个指令合并成一个指令：

```
jump continuation # 跳转到 continuation 函数
```

现在，我们无须将 return 的地址推入栈顶了。continuation 函数会直接返回到调用 hero 函数的函数，而不是 hero 函数内。尾调用就像一个带参数的 goto 语句，但又避免了 goto 语句可能造成的危险。

从表象上看，该优化好像只减少了一个指令、一次入栈和一次出栈，看起来并没什么大不了的。为了加深对尾调用好处的理解，我们接下来看看它在 JavaScript 中是怎么实际运作的。正常情况下，当你在调用函数的时候，逻辑如下。

- 计算实参表达式。
- 创建一个足以容纳函数所有形参和变量大小的新活跃对象（activation object）。
- 将当前正在调用的函数引用存入新活跃对象。
- 将实参存入新活跃对象的实参列表，缺失的实参会被定义为 undefined，而多余的实参则会被忽略。
- 将所有的变量都以 undefined 存入新活跃对象。
- 将新活跃对象中的 next instruction field 设置为函数执行完毕后需要立即执行的指令。
- 将当前活跃对象存入新活跃对象中的 caller 字段，要知道调用栈在 JavaScript 中只是一个概念，它实际上是活跃对象的链表。
- 将新活跃对象设为“当前活跃对象”。
- 开始执行被调用函数。

优化后会略有不同。

- ❑ 计算实参表达式。
- ❑ 如果当前活跃对象足够大，则：
  - ■ 直接把当前活跃对象设为新活跃对象。

  否则：
  - ■ 创建一个足以容纳函数所有形参和变量大小的新活跃对象；
  - ■ 将当前活跃对象的 `caller` 字段直接赋值给新活跃对象；
  - ■ 直接将新活跃对象设置为"当前活跃对象"。
- ❑ 将当前正在调用的函数引用存入新活跃对象。
- ❑ 将实参存入新活跃对象的实参列表，缺失的实参会被定义为 `undefined`，而多余的实参则会被忽略。
- ❑ 将所有的变量都以 `undefined` 存入新活跃对象。
- ❑ 开始执行被调用函数。

最大的区别在于，如果当前活跃对象足够大（其实通常是足够大的），我们无须分配一个新的活跃对象，而是直接复用当前的活跃对象。调用栈链不能很长，链长通常不到 1000，所以在存在尾调用的情况下，总是分配一个理论上足够大的活跃对象是非常有必要的。减少内存分配和垃圾回收的时间非常重要，而且尾调用的优势还不只这些。

有了尾调用优化，递归函数就可以跟循环一样快了。这一点很重要，因为循环天生不纯（impure），递归才纯（pure）。有了尾调用优化，递归就克服了它在性能上的缺陷。

这是循环的常用模板：

```
while (true) {
    做一些事
    if (done) {
        break;
    }
    再做一些事
}
```

尾递归函数则看起来像这样：

```
(function loop() {
    做一些事
    if (done) {
        return;
    }
    再做一些事
    return loop();                                  // <-- 尾调用
}());
```

上面的代码展示了循环和递归之间的对应关系。递归函数实现起来通常更优雅——通过参数来更新状态，通过返回值来代替原有的赋值操作。

这么一来，我们就可以递归到任何深度，而不用担心调用栈溢出或者内存耗尽。书写良好的递归函数可以流畅地运行，所以“正确的尾调用”并不是一项特性，而是对 bug 的修复。规范之所以要求解释器实现尾调用优化，是因为拥有良好尾调用的程序值得采用它。

18.1　尾调用位

所谓尾调用，就是函数的返回值是另一个函数的直接返回值。例如：

```
return (
    typeof any === "function"
    ? any()                                  // <-- 尾调用
    : undefined
);
```

就是一个尾调用。返回表达式如果含有逻辑与（`&&`）或者逻辑或（`||`），也可成为尾调用。但像

```
return 1 + any();                            // <-- 不是尾调用
```

这样就不是尾调用。因为它的返回值不是另一个函数的直接返回值，而是在最后做了加法运算的返回值。

```
any();                                       // <-- 不是尾调用
return;
```

上面的代码也不是尾调用，因为它返回的是 `undefined`，而不是 `any()` 的返回值。

```
const value = any();                         // <-- 不是尾调用
return value;
```

上面的代码也不是尾调用，因为它的返回值是常量 `value`。虽然我们都知道 `value` 就是 `any()` 的返回值，但是返回值不在尾调用位（tail position）上。

很多情况下的递归也不是尾调用。

```
function factorial(n) {
    if (n < 2) {
        return 1;
    }
    return n * factorial(n - 1);             // <-- 不是尾调用
}
```

factorial 并不在尾调用位上，所以每次迭代的时候都会生成一个新的活跃对象。但是稍作修改就能将其放到尾调用位上了：

```
function factorial(n, result = 1) {
    if (n < 2) {
        return result;
    }
    return factorial(n - 1, n * result);            // <-- 尾调用
}
```

这个版本就经过尾调用优化了，递归时并不会生成新的活跃对象，而是重回函数顶端，然后用新的实参去刷新形参。

只返回一个函数又不执行时，并不会触发尾调用，

```
return function () {};                              // <-- 不是尾调用
```

除非马上执行它。

```
return (function () {}());                          // <-- 尾调用
```

18.2 例外

在有些情况下，必须取消尾调用优化以避免程序的腐化。

try 块中不能进行尾调用优化。为了节省内存和时间，尾调用优化不会将新调用的激活对象链接进调用栈。但 try 则有可能将控制权交给调用该函数作用域的 catch，所以激活对象不能被缩减。这也是不应该滥用异常的一个理由。

如果在函数内部创建了一个新的函数对象，而新函数用到了任何自由变量（free variable），新函数就必须有权访问其创建者的激活对象。在这种情况下，激活对象也不能被优化掉。

18.3 续体传递风格

在续体传递风格（continuation-passing style）中，函数会加上一个额外的 continuation 参数用于接收结果。本章一开始的 continuize 工厂就可以将任何函数转变为带有 continuation 的函数。在这种编程风格中，continuation 就是一个用于让程序继续执行的函数。程序流程会一直向前推进，很少会重新访问以前的状态。这是管理事件的利器，通常用于转译和其他应用程序中。是尾调用优化让这种风格有了实现的可能。

18.4　调试

缩减激活对象会给调试增加一定的困难，因为我们无法得知造成现有情况的所有步骤。不过，好的调试器会通过复制每个激活对象的状态以及始终保留一部分最新的对象来摆脱该困境。这种优化既不会干扰尾递归优化的本质，又能继续提供传统的栈跟踪能力。

第19章

纯　　度

●○○●●

纯之价须为纯自我。

——加尔文·特里林

顾名思义，**函数式编程**就是**用函数进行编程**。然而这个定义太含糊了。它既可以表示使用数学范畴上的函数，意味着需要将数值离散化；也可以表示使用软件范畴上的函数，这在大多数编程语言中是指带参数语句的字符串。

数学范畴上的函数比软件范畴上的更纯粹。纯度会因变化而降低。纯函数不应该有任何变化，也不应该受变化的影响，其结果只由输入决定。除了提供结果的必要计算之外，它不应该执行任何多余的操作。对它来说，相同的输入应该始终返回相同的结果。

然而，JavaScript 似乎是一场变化的“聚会”。赋值运算是主要的变化手段，而 JavaScript 有 15 种赋值的方式。如果再算上可怕的自增和自减运算，那就有 17 种了：

- `=`（赋值）
- `+=`（加法赋值）
- `-=`（减法赋值）
- `*=`（乘法赋值）
- `/=`（除法赋值）
- `%=`（取余赋值）
- `**=`（取幂赋值）
- `>>>=`（右移赋值）
- `>>=`（带符号扩展右移赋值）
- `<<=`（左移赋值）

- &=（位运算与赋值）
- |=（位运算或赋值）
- ^=（位运算异或赋值）
- ++（前置自增）
- ++（后置自增）
- --（前置自减）
- --（后置自减）

JavaScript 与大多数主流语言一样，相较于清晰度而言，更喜欢变化。最直观的一点就是，它们的等号（=）都表示赋值（不纯），而不是相等（纯）。

19.1　纯之祝福

高纯度带来的价值是非常可观的。

高纯度通常意味着出色的模块化设计。纯函数具有极高的内聚性，其中的一切都在为了产出单个结果而努力，没有破坏内聚性的事物存在；纯函数具有极低的耦合性，其结果只依赖于输入。写出好的模块并不容易事，但如果采用纯函数的方式，就不再是难事了。

纯函数更易被测试。因为它的结果只由输入决定，所以没必要用 mock、fake 或 stub 伪造测试数据了。只要纯函数对于一组输入返回了正确的结果，就没有任何环境或者其他原因能改变这个结果。当你的计算机出问题时，多数时候重启似乎能解决一切，因为这些问题基本上都是不纯导致的。

纯函数拥有强大的可组合性。由于它们执行的时候没有任何副作用，也没有外部依赖性和影响，所以我们可以很容易地用其组装出更强大、更复杂的函数，而这些组装出来的函数依旧是纯函数，可以继续用来组装成更大一号的函数。

总有一天，高纯度将带来性能的大幅度提升。它还会为困扰我们已久的线程可靠性问题提供了优秀的解决方案。在多线程系统中，如果两个线程同时尝试访问同一块内存地址，则可能发生访问冲突，从而导致数据损坏或者系统故障。这种问题通常难以诊断。虽然可以通过互斥锁（mutual exclusion，Mutex）来缓解这种问题，但同时会带来新问题，如程序延迟、死锁和系统故障等。

纯函数可以保证线程安全、高效。因为纯函数不会修改已分配好的内存，所以共享内存也不会带来任何风险。如果给数组的 `map` 方法传入一个纯函数，就可以将数组中的元素分布式分配给所有可用的 CPU 内核进行处理，这样我们的计算机就能飞速运算。这些性能的提升是线性的，核数越多、执行速度越快。大量程序其实可以受益于此。

现在，人们仍在考虑将很多愚蠢的特性纳入 JavaScript，并且有很多已经被纳入了。这些特性其实无足轻重。纯函数的并行化才是我们真正需要的。

19.2 纯之门路

高纯度显然给我们带来了很多好处。那么可以为语言增加纯度吗？答案是不可以。跟安全性和可靠性一样，纯度并不是一种可以被添加的特性。我们无法增加系统的可靠性，只能消除不可靠性；也无法增加安全性，只能消除不安全性。同理，我们不能增加纯度，只能剔除不纯的内容。不纯的内容就是让我们的函数偏离数学模型上的函数的“病灶”。

ECMA 无法从 JavaScript 中移除糟粕，所以其中的糟粕越堆积越多。但从个人出发，我们可以简单地停止使用这些糟粕。我们可以自行添加各种规范来让自己用的 JavaScript 变纯。只要不使用不纯特性，我们的函数体就不会遭到不纯的侵害。

接下来快速浏览一下这门语言中的不纯之处吧。

首先，必须丢弃所有的赋值运算符，以及 `var` 和 `let` 语句，只保留 `const` 语句。我们通过 `const` 来初始化变量，并且不再改变它的值。

接着，需要丢弃可以修改对象内容的运算符和方法，如 `delete` 运算符和 `Object.assign` 方法等；还要抛弃可以更改数组内容的方法，如 `splice` 和 `sort` 等。数组的 `sort` 方法本可以是一个纯函数，但因为 JavaScript 的 `sort` 方法会修改原数组，所以它很遗憾地出局了。

我们还要抛弃 getter 和 setter。后者显然是引起变化的重要手段，且两者都存在引发副作用的可能。所有副作用都是程序腐化的潜在威胁，必须消除。

正则表达式（RegExp）的 `exec` 函数会修改 `lastIndex` 属性，所以也出局了。该方法本可以不这么设计，但很可惜现在就是如此。

`for` 语句的原始意图就是修改归纳变量，所以也要被丢弃。同理，我们还要丢弃 `while` 和 `do`。尾递归才是最纯的迭代方式。

然后，我们还要弃用 `Date` 构造函数。每次调用它都会得到不同的值，这就是不纯的一个表现。同理，我们还应该弃用 `Math.random`，你甚至无法知道它的返回值会是什么。

我们必须抛弃用户。人与程序的每次互动都会得到不同的结果。人类可不纯。

最后，切断网线吧。lambda 演算无法表示存在于一台机器上而不存在于另一台机器上的信息，通用图灵机（universal Turing machine）也不会有 Wi-Fi 连接。

19.3　穹宇之奥

宇宙不纯。宇宙各处分布着各种事件，这些事件都是高度并行的。我们的程序模型必须接受这个事实。如果我们的程序要跟万物（尤其是人类）互动，那么它总有一部分是不纯的。

我们应该尽可能使程序保持高纯度，因为其带来的好处是真实可见的。但这个世界就是这样的，有时候只有可变的、有状态的对象才能解决我们的问题。既然这些对象必然要存在，我们就应当对其进行设计，严格控制其状态的更改。

19.4　连续统

理想状态下，我们希望用非黑即白的方式来表示函数的纯度：纯函数和非纯函数。然而实际情况会复杂很多，需要从多个方面来评判纯度。

“可更改”显然是不纯的，但即使“最纯”的系统下也难免隐藏了一些不纯的因子。系统总会不断创建新的活跃对象，而将这些对象于可用内存和活跃内存之间移动就会触发一些变异（mutation）。这其实并不是一件坏事。我们通常希望接触到的东西尽可能纯，而那些不纯的内容则应该被隐藏起来。

第 13 章讨论的生成器以及第 17 章讨论的对象都很好地隐藏了它们的状态。外部代码只能严格按照生成器函数或者方法来更改它们的状态，不能直接通过外部赋值来做到这一点。实际上，它们并不是全纯的，但相对于其他面向对象编程模式来说做出了显著的改进。这两种用法是我们管理纯度边界的好例子。

纯的一种定义就是不受赋值和其他变异因素的影响。那么下面这种写法是纯的吗？

```
function repeat(generator) {
    if (generator() !== undefined) {
        return repeat(generator);
    }
}
```

repeat 函数接收一个生成器函数，然后一直调用该生成器函数直到它返回 undefined。其实这种写法“身”纯“心”不纯。这个函数自身并没有非纯行为，但是会让生成器不纯。有很多高阶函数处于这种纯与非纯之间的中间地带。

有时候，即使一个函数中有赋值运算，它仍有可能是纯函数。例如，一个函数声明了一些局部变量，然后通过循环和赋值去更改它们。这看起来的确是非纯函数的行为。但如果将该函数传给一个并行处理的 `map` 函数，而它仍能正常运行的话，它就是一个心纯身不纯的函数。如果我们将其看作一个黑盒，那么它就是纯函数，只是内部实现不纯而已。

所以纯度的连续统（continuum）自上而下依次是数学函数、足以在并行应用中运行的纯函数、纯高阶函数、有状态高阶函数；接着就开始不纯起来：与类相关的事物、与执行过程相关的事物；在连续统的最底端，则是所有用到全局变量的东西。

第 20 章

事件化编程

●○●○○

摩尔！拉里！奶酪！

——卷毛霍华德[①]，《马项圈》

我们先从**顺序化编程**（sequential programming）说起吧。最初的计算机只能算是自动计算器，需要为其输入一些数据和一个例程，然后它就会一次一个地依次执行命令，直到产生结果为止，最后退出。这种“一次一个”的执行模型非常适用于计算和批量数据处理。

最早的编程语言是在顺序化的年代被开发出来的。这些语言奠定了现代编程语言的基础，大部分现代编程语言仍旧是基于顺序化方式的。然而这种旧的编程方式无法事先知道程序在当前时间点的意图，使得现代程序的编写面临不必要的困难，而且不可靠、不安全。

顺序化编程语言的一个典型特征就是会阻塞输入输出。当程序试图从文件或者网络读取内容时，程序就会被阻塞，直到读取操作完成。对于 FORTRAN 来说，这很有用。当程序需要从读卡器中读取数据时，就应该被阻塞，因为在数据就绪之前，这个程序没有别的事情可以做，所以被阻塞也无关紧要。大多数现代语言仍旧采用 FORTRAN 的这套 I/O 模型。但是 JavaScript 偏偏没有，因为它的首要任务是与人类交互，所以需要一个更好的模型。与大多数其他语言相比，JavaScript 在这种顺序模型中被阻塞停留的时间更少。

20.1 并发

当计算机开始与人、与其他计算机交互的时候，顺序化编程的模型就开始力不从心了。这种

---

① 摩尔·霍华德、拉里·费恩和卷毛霍华德是美国早期的一个喜剧团队的成员，被戏称为“三个臭皮匠”或“三个活宝”（The Three Stooges）。——译者注

情况需要有**并发**编程的支持，才能同时执行多项操作。

同构并发为同时处理多个类似操作提供了支持。一个例子就是为数组方法提供一个纯函数，让其同时处理所有元素。

异构并发则支持各种不同职责逻辑项的协作，使其能像一个团队一样齐心协力。这种实现方式的难点在于，需要保证每个逻辑项都不能掉链子，否则就会像“三个臭皮匠”一样捅大娄子。一旦有一个逻辑项出了岔子，就会导致不良的架构体系。噫！啧啧啧！

20.2 线程

线程是最古老的异构并发机制之一，至今仍被广泛使用。线程就是（真实或虚拟的）CPU“火力”同时全开并使用共享内存。如果执行纯函数，线程可以很好地运行，但如果不是纯函数，则有可能捅娄子。

假设我们有**摩尔**和**拉里**两个线程，它们共享一个变量 `variable`。这个时候摩尔将 `variable` 加 `1`，同时拉里将 `variable` 加 `2`。按照正常的逻辑，其期望值应该为 `3`，如表 20-1 所示。

表 20-1 `variable` 的期望值

摩　尔	拉　里	variable
		0
`variable += 1`		1
	`variable += 2`	3

虽然在表 20-1 中是摩尔先发生了变异，但实际上也有可能是拉里先发生变异。在这个特殊场景下，无所谓谁先变异，结果都一样。但是如果将拉里的运算换成`*=`的话，运算顺序就会影响结果。

让我们将上面的运行逻辑细化一下吧。`+=`这个赋值语句会被编译成三条简单的机器指令：`load`、`add` 和 `store`（如表 20-2 所示）。

表 20-2 细化的运行逻辑

摩　尔	拉　里	variable
		0
`load variable`		0
`add 1`	`load variable`	0
`store variable`	`add 2`	1
	`store variable`	2

看吧，先读取再修改写入（read-modify-write）竞态出现了。摩尔和拉里都在 `variable` 的值为 `0` 的时候读取了它的值。它们都是基于自己所获取的值进行加法运算的，运算完毕后又将结果值存储了回去。在上面的情况中，摩尔的修改被拉里覆盖了，实际上还有拉里被摩尔覆盖的情况。其实在大多数情况下，它们获取到的值不一样，因此程序通常会正常运行。

虽然代码的运行结果可能是正确的，但也有可能出错。从这样简单的程序中看出问题所在并不算难，但是在一些复杂的程序中，这类问题往往隐藏得比较深。

计算负荷可能会影响指令的交叉存取。也就是说，有可能代码在开发和测试阶段可以正常运行，却在生产环境出现问题。也有可能程序正常运行了一整年，却突然在年底失败。这类线程中的时态 bug 是所有 bug 中最糟糕、最昂贵的。当程序的行为受到宇宙中的随机性所惑时，我们会非常难以重现一些问题。类型检查无法发现这类问题，测试也无法发现这类问题。因为错误发生的频率极低，所以难以调试，而且无法保证修复不会导致其他问题。

我们可以通过互斥锁来降低线程竞态带来的危险。它可以通过锁住内存的临界区（critical section）来阻塞线程，从而阻止竞态的发生。然而互斥锁在计算上的代价是昂贵的，有可能导致无法释放互斥锁的阻塞线程产生。我们称这种情况为**死锁**（deadlock），这是另一种难以预防、重现和修复的故障类型。

在 Java 以及一些类似的语言中，最大的一个设计错误就是语言对自己的定位不够清晰，不知道自己究竟应该是一门系统级语言还是应用级语言。它们想要二者兼得。然而在普通应用中使用线程是一件无法被原谅的事。

在操作系统层面上，线程虽然危险，却是不可或缺的；但在应用层面上，它就只剩危险了。我应该为 JavaScript 鼓掌，因为它不会以这种方式来让我们使用线程，对并发更加友好。

20.3　事件化编程

事件函数（eventual function）是一种会立即返回的函数，可能在其要求的工作完成前就返回。它的结果通常不会直接返回，而是通过回调函数或者消息来与关心方通信。

事件化可以在不暴露线程的情况下管理一系列执行逻辑。事实上，很多应用的线程是基于事件化思想去管理它们与用户的交互行为的。这种方式简单可靠。事件化编程有两个重要的组成部分：回调函数和执行循环。

回调函数就是在未来某个“奇妙的事情”发生时会被调用的函数。“奇妙的事情”可能是：

- 收到一条消息；
- 完成一些特定的逻辑；
- 人类操作；
- 传感器观察到一些事情；
- 时间流逝；
- 错误发生。

回调函数会被传给一个负责启动或者监视某活动的函数。在早期系统中，回调函数通常挂载在处于活跃状态的对象上。在 Web 浏览器中，我们可以通过赋值 DOM 节点对象的特定属性来将回调函数挂载到 DOM 节点上。

```
my_little_dom_node.onclick = callback function;
```

也可以调用其事件注册方法。

```
my_little_dom_node.addEventListener("click", callback function, false);
```

这两种方式都是可行的。当用户点击对应的 DOM 节点时，**回调函数**（又称**事件处理器**）就会被调用，然后相应地执行一些有用的行为。

事件化编程的另一个组成部分是执行循环，又称事件循环（event loop）或消息循环（message loop）。执行循环会从事件队列或者消息队列中拿到优先级最高的事件或者消息，然后调用注册到其上的回调函数，将其执行完毕。回调函数不用关心内存锁和互斥锁执行等。回调函数不会被中断，所以不会产生竞态。当回调函数执行完毕时，执行循环就会从队列中获取下一个，继续执行。这是一个非常可靠的编程模型。

执行循环维护了一个队列，通常称为事件队列或者消息队列，用于保存传入的事件或者消息。事件或者消息可以被回调函数作为其响应的一部分来发起。这些事件消息通常是在管理用户输入、网络、I/O 系统和进程间通信的辅助线程中生成的。JavaScript 程序与主线程的关系纽带就是这个队列。互斥锁仅会作用在这个枢纽上，所以事件化的系统往往是有效且可靠的。

神奇的是，这种编程模型让运行在浏览器中的 JavaScript 程序高度弹性化。当你在一个页面中打开浏览器的调试器时，几乎不可能出现没有任何异常信息的时候，因为很多 Web 开发者的技术水平不高。但厉害的是，即使这样，这些页面还是会正常展现在你的面前。

在使用线程的系统中，一旦一个线程出现异常，就很可能会引发一场蝴蝶效应。这个异常的线程可能会将一些不一致的状态传递给其他线程，然后导致井喷式的大量线程异常。

JavaScript 是单线程的。大部分状态不在栈上，而是存在函数的闭包之中。因此一切会被持续推进。很多时候，即使只剩下一个按钮可用，用户仍旧可以操作它来推进程序的运行，并不会察觉到背后到底发生了多少异常。

20.4 回合法则

处理循环的每次迭代都被称作一个**回合**（turn）。就像玩象棋和扑克牌一样，一次只能由一个玩家行动。玩家在回合内可以移动棋子或出牌，行动结束后，该玩家的回合也就结束了。若此时游戏并未结束，那么就开始了另一个玩家的回合。

游戏有游戏的规则，事件化模型也有其规则，我们称其为**回合法则**（The Law of Turns）。

> **莫等待。莫阻塞。赶紧结束。**

回合法则适用于处理循环调用的回调函数，以及所有这些回调函数继而直接或间接调用的函数。它不应该通过死循环的方式去等待事情发生，也不应该阻塞主线程。在 Web 浏览器中，不要使用像 `alert` 之类的函数。在 Node.js 中，不要使用带有令人作呕的 `-Sync` 后缀的函数。不要使用那些耗时较长的函数。

违反回合法则会把高性能事件系统打回低性能系统。一次违反不仅会造成当前回调函数的延迟，还会造成整个队列的事件延迟。若你延迟一点儿、我延迟一点儿，那么整个队列延迟的时间就会多得多。这么一来，系统就会变得迟钝，不再及时响应。

因此任何违反该法则的函数都应该被及时修正，或者被以子进程的形式隔离到另一个进程中执行。进程与线程类似，只是它们之间不共享内存。所以回调函数将一些工作发送给别的进程执行，并在执行完毕后将消息发送回来的方式也还说得过去。回来的消息依旧会进入队列，被事件化。

进程是运行 JavaScript 的系统所提供的服务，而 JavaScript 自身是不关心进程的。不过进程是事件化编程的重要组成部分，所以很有可能成为下一门语言的首要特性之一。

20.5 服务端的问题

JavaScript 就是为事件循环而生的，事实上表现得也很出色。然而消息循环非常难，因为服务器所做的工作具有完全不同的性质。在浏览器中，程序绝大多数时间在响应 UI 事件——调用事件处理器，执行一些逻辑，更新渲染展示，完成工作。

服务器上的工作流通常复杂得多。当消息接收器或者处理器被调用的时候，它可能需要与当前服务器或者其他计算机上的系统进行通信，然后才能传输响应。有时候，它可能还需要将从一个系统中获取到的信息传递给另一个系统，而这些操作的链路可能会很长。与其他系统交互的结果将通过回调的机制进行通信。我们有解决这些问题的优雅方案，不过还是先来看看三种常见的误区吧。

第一个是**回调地狱**（callback hell）。每个回调函数都包含请求下一个工作单元的代码，而每个请求中又有一个回调函数，继续请求另一个工作单元，如此循环往复。用这种方式写的程序可读性、可维护性都很差，而且容易出错。

第二个是 **promise**。promise 最初是一个伟大的创举，用于让人们开发出安全、分布式的系统。但遗憾的是，当它被移植到 JavaScript 中时，所有新范式的特性都没被保留下来，被保留下来的只有笨拙的流程控制机制。promise 不是为管理局部控制流而设计的，这违背了它的初心。promise 虽然是改进回调地狱的一种方式，但效果其实不尽如人意。

第三个是 **async/await**。这是一对用于修饰普通顺序化代码的关键字，其神奇之处在于能将顺序化代码转换为事件化代码。它与 ES6 的生成器类似，你编写的代码与最终获得的代码非常不一致。不过我还是要夸一下，它掩盖了 promise 的很多不足之处。async/await 之所以深受喜爱，是因为可以让人们继续以旧范式的编程风格来写代码。但这其实恰恰是它最大问题之所在。

新范式真的很重要。虽然学习成本比较高，但理解新范式正是我们不断进步的方式。async/await 则让我们在固步自封的情况下还能继续有所产出。这会让开发者编写出连自己都无法完全理解的代码——我对此太失望了。更糟的是，越来越多的开发者在随处使用 `async` 和 `await` 修饰器。他们根本不知道自己在干什么，也不知道如何用好它们。我们不该将新范式隐藏起来，而是要学会直面它、拥抱它。

这三个误区有一个共同点，那就是将逻辑与控制流强耦合在了一起。这就必然导致低内聚，因为太多不相干的逻辑被强行粘在了一起。我们应该将它们分开。

20.6 请求器

模块化设计是老生常谈的事。每个请求服务器、数据库、执行子进程的工作单元都应该是单独的函数。只做一个单元工作的函数具有良好的内聚性。这些函数仍旧将回调函数作为第一个参数。对应单元的逻辑一旦执行完毕，结果就会被传入回调函数。这减少了对其他代码的依赖，降低了代码的耦合性。这是一种很好的模块化设计实践，在新的编程范式中使我们受益颇多。

在这里，我们用**请求器**来描述这种接收一个回调函数、执行一个单元逻辑的函数，它有可能在后续回合才能完成工作。

```
function my_little_requestor(callback, value)
```

一个 `callback` 函数应该有两个参数：*value* 和 *reason*。*value* 就是请求器的执行结果。如果请求器执行失败，则该值应该是 `undefined`。*reason* 是一个可选参数，用于描述错误。

```
function my_little_callback(value, reason)
```

请求器函数还可以按需返回一个取消函数，后者主要用于以任何理由取消执行工作。它与撤销（undo）不同，只是停止不必要的工作。如果请求器在另一台服务器上启动了一项代价不菲的操作，但后续不再需要该操作时，请求器的取消函数就可以发送一条“停止”消息到对应的服务器上。

```
function my_little_cancel(reason)
```

20.7　请求器工厂

我们在很多时候会用工厂来生成请求器。

下面这个工厂是一个简单的包装器，接收一个参数并返回一个请求器。

```
function requestorize(unary) {
    return function requestor(callback, value) {
        try {
            return callback(unary(value));
        } catch (exception) {
            return callback(undefined, exception);
        }
    };
}
```

而这个工厂则会创建一个在 Node.js 上读取文件的请求器。

```
function read_file(directory, encoding = "utf-8") {
    return function read_file_requestor(callback, value) {
        return fs.readFile(
            directory + value,
            encoding,
            function (err, data) {
                return (
                    err
                    ? callback(undefined, err)
                    : callback(data)
                );
```

```
            }
        );
    };
}
```

最有意思的工厂会生成可能耗费多个回合与其他服务通信的请求器，可以这么实现：

```
function factory(service_address, arguments) {

// 返回可以做一个单元工作的请求器。

    return function requestor(callback, value) {

// 先写一个 try 块来应对发送失败的情况。

        try {

// 当请求器函数被调用的时候，它会往相应的服务发送一条消息，
// 告知其需要开始工作。产生结果后，它会将其传给 callback
// 函数。在本例中，假设消息系统会以(result, exception)
// 形式来发送结果。

            send_message(
                callback,
                service_address,
                start,
                value,
                arguments
            );
        } catch (exception) {

// 若捕获异常，将其标记为失败。

            return callback(undefined, exception);
        }

// 返回一个 cancel 函数，在我们不再需要结果的时候，可以
// 通过该函数来取消请求。

        return function cancel(reason) {
            return send_message(
                undefined,
                service_address,
                stop,
                reason
            );
        };
    };
}
```

20.8 Parseq

我开发了一个 Parseq 库来管理请求器函数之间的流。Parseq 的工厂会将你的请求器函数打包成一个控制流：并行、串行、回调或者竞态。每个工厂都会返回一个新的请求器。这使得请求器具有很高的组合性。

这个库还可以处理超时情况。例如，有些工作必须在 100 毫秒内完成，如果超时则认为其失败，然后做出相应的响应。这种特性用我们之前所说的三种误区都不能轻松实现，但用 Parseq 的话，只需为其指定一个超时时间即可。

```
parseq.sequence(
    requestor_array,
    milliseconds
)
```

`sequence` 工厂函数接收请求器函数的一个数组，*`milliseconds`* 参数是可选的，用于表示时间限制。它会返回一个新的请求器，该请求器会依次调用原请求器数组里的请求器。我们传给新请求器的参数值会被传给数组中的第零个请求器，该请求器最后生成的值会被传入数组中的第一个请求器。以此类推，一个个请求器依次传参。最后一个请求器产生的值就是这个请求器序列的最终结果。

```
parseq.parallel(
    required_array,
    optional_array,
    milliseconds,
    time_option,
    throttle
)
```

`parallel` 工厂函数会立即执行所有请求器。它不会为 JavaScript 增加并行负担，而是将这些负担分散到“茫茫宇宙”中——它会将这些计算负荷分散到不同的服务器上。这种方案提供的性能优势是很明显的。当我们以这种方式执行请求器的时候，总耗时就是最慢的那个请求器的耗时，而不是所有请求器耗时的总和。这是个非常重要的优化方案。

`parallel` 工厂函数只应用于无循环依赖的请求器。所有的请求器都会被传入相同的值，执行结果是所有请求器产生的值组成的数组。其实可以将它类比为数组的 `map` 方法。

此外，该工厂函数其实可以接收两个执行者数组。第一个包含必执行请求器，只有所有这些请求器都执行成功，新请求器才算执行成功。第二个则包含非必执行请求器，它们允许执行失败，并不会影响新请求器的成功。

我们还能为该工厂提供一个以毫秒为单位的时间限制。所有必执行请求器都应在该时间限制内完成执行。time_option 参数则用于指定非必执行请求器的执行时限行为，参见表 20-3。

表 20-3 time_option 参数指定的行为

time_option	行 为
undefined	非必执行请求器必须在所有必执行请求器执行完毕之前完成执行。若我们了 milliseconds，则所有必执行请求器必须在该时限内完成执行
true	所有的必执行请求器和非必执行请求器都必须在 milliseconds 时限内完成执行
false	必执行请求器无时间限制，而非必执行请求器则必须在 milliseconds 和必执行请求器执行完毕的最长时间内完成执行

默认情况下，所有请求器会同时执行。但如果系统设计不当，这种做法可能会加重系统的负担。所以就有了一个可选的 throttle 参数，用于限制同时执行的请求器数。

```
parseq.fallback(
    requestor_array,
    milliseconds
)
```

fallback 工厂函数与 sequence 类似，只是对于成功的定义不一样。在 fallback 工厂函数产生的请求器中，无论数组中的请求器执行成功与否，都会依次继续往下执行。只要有一个请求器成功，那么整个新请求器就会被认为执行成功；只有当所有请求器都执行失败时，新请求器才算执行失败。

```
parseq.race(
    requestor_array,
    milliseconds,
    throttle
)
```

race 工厂与 parallel 类似。只不过在 race 工厂函数产生的请求器中，只要有一个请求器成功，那么整个新请求器就算执行成功，其余请求器会被淘汰并取消。

用法举例如下：

```
let getWeather = parseq.fallback([
    fetch("weather", localCache),
    fetch("weather", localDB),
    fetch("weather", remoteDB)
]);

let getAds = parseq.race([
```

```
    getAd(adnet.klikHaus),
    getAd(adnet.inUFace),
    getAd(adnet.trackPipe)
]);

let getNav = parseq.sequence([
    getUserRecord,
    getPreference,
    getCustomNav
]);

let getStuff = parseq.parallel(
    [getNav, getAds, getMessageOfTheDay],
    [getWeather, getHoroscope, getGossip],
    500,
    true
);
```

20.9 异常

对于跨回合产生的失败，异常的处理能力很弱。异常的一个重要信息就是错误栈，而跨回合的异常则没有它。当我们产生一个异常时，它无法与未来的回合互通有无，在未来也无法回溯产生异常的时间点的失败请求。

不过工厂函数可以做到上面的事，因为工厂的调用者会被记录在栈中。由于栈中没有东西可以捕获请求器抛出的异常，所以不应该在请求器中抛出异常，而是应该在请求器内部捕获异常，然后通过 `callback` 函数将其传回。

20.10 Parseq 的实现

光说不练假把式，让我们来看看 Parseq 的实现吧。它由四个公有函数和四个私有函数组成，代码量并不多。

首先实现 `make_reason` 私有函数，用于创建错误对象。

```
function make_reason(factory_name, excuse, evidence) {
```

在函数体内创建一个基于 `Error` 的 `reason` 对象，用于异常和取消。

```
    const reason = new Error("parseq." + factory_name + (
        excuse === undefined
        ? ""
        : ": " + excuse
```

```
    ));
    reason.evidence = evidence;
    return reason;
}
```

回调函数应该是一个接收两个参数的函数。

```
function check_callback(callback, factory_name) {
    if (typeof callback !== "function" || callback.length !== 2) {
        throw make_reason(factory_name, "Not a callback.", callback);
    }
}
```

然后检查并确保数组中的所有元素都是执行者函数。

```
function check_requestor_array(requestor_array, factory_name) {
```

请求器为一个接收一到两个参数的函数,其中参数为 callback 和可选的 initial_value。

```
    if (
        !Array.isArray(requestor_array)
        || requestor_array.length < 1
        || requestor_array.some(function (requestor) {
            return (
                typeof requestor !== "function"
                || requestor.length < 1
                || requestor.length > 2
            );
        })
    ) {
        throw make_reason(
            factory_name,
            "Bad requestors array.",
            requestor_array
        );
    }
}
```

run 函数是 Parseq 的灵魂。它负责所有的核心逻辑，执行请求器、时间管理、取消逻辑和限流。

```
function run(
    factory_name,
    requestor_array,
    initial_value,
    action,
    timeout,
    time_limit,
    throttle = 0
) {
```

该函数是所有 Parseq 工厂函数的通用逻辑，其参数为工厂名、请求器数组、初始值、正常逻辑的回调函数、超时用的回调函数、毫秒级的时间限制和限流值。

如果一切正常，我们会调用数组中的所有请求器。它们应各自返回一个取消函数，而这些取消函数会被推入 cancel_array。

```
    let cancel_array = new Array(requestor_array.length);
    let next_number = 0;
    let timer_id;
```

接下来实现 cancel 函数和 start_requestor 函数。

```
    function cancel(reason = make_reason(factory_name, "Cancel.")) {
```

在 cancel 函数中，需要停止所有未完成的业务。该函数通常在请求器执行失败的时候被调用。此外，它还可以被 race 函数用于停止淘汰者，以及被 parallel 函数用于停止未完成执行的非必执行请求器。

先停止正在计时的计时器。

```
        if (timer_id !== undefined) {
            clearTimeout(timer_id);
            timer_id = undefined;
        }
```

停止所有仍活跃的请求器。

```
        if (cancel_array !== undefined) {
            cancel_array.forEach(function (cancel) {
                try {
                    if (typeof cancel === "function") {
                        return cancel(reason);
                    }
                } catch (ignore) {}
            });
            cancel_array = undefined;
        }
    }

    function start_requestor(value) {
```

start_requestor 函数并不自举。它不会直接调用自己，而是通过一个会调用它的函数来调用。

若还有未执行的执行者，则执行。

```
        if (
            cancel_array !== undefined
            && next_number < requestor_array.length
        ) {
```

每个执行者都有一个下标编号。

```
            let number = next_number;
            next_number += 1;
```

将回调函数传入指定编号的执行者，并将对应的取消函数预先存起来备用。

```
            const requestor = requestor_array[number];
            try {
                cancel_array[number] = requestor(
                    function start_requestor_callback(value, reason) {
```

当 requestor 执行完毕时，会调用回调函数。但若不再需要继续执行整个任务，该回调函数则不会被调用，例如超时之后。回调函数只会被执行一次。

```
                        if (
                            cancel_array !== undefined
                            && number !== undefined
                        ) {
```

因为不再需要，所以移除取消函数。

```
                            cancel_array[number] = undefined;
```

接着调用 action 函数来让执行者知道当下的状态。

```
                            action(value, reason, number);
```

然后清空 number，这样回调函数就不会再次被调用。

```
                            number = undefined;
```

开始一个新的回合。如果还有未执行的执行者，那么继续执行它。如果接下来的执行者是 sequence，则传入最新的 value；否则传 initial_value。

```
                            return start_requestor(
                                factory_name === "sequence"
                                ? value
                                : initial_value
                            );
                        }
                    },
                    value
                );
```

若执行者执行失败，则需要通过回调函数将错误信息传出去。我们不能直接在执行者中抛出异步的异常。若有同步的异常被捕获，倒是可以将其视为执行失败。

```
            } catch (exception) {
                action(undefined, exception, number);
                number = undefined;
                start_requestor(value);
            }
        }
    }
```

手握取消函数和 start_requestor，我们就能干正事了。

若有时间限制，则开始计时。

```
    if (time_limit !== undefined) {
        if (typeof time_limit === "number" && time_limit >= 0) {
            if (time_limit > 0) {
                timer_id = setTimeout(timeout, time_limit);
            }
        } else {
            throw make_reason(factory_name, "Bad time limit.", time_limit);
        }
    }
```

对于 race 或者 parallel 工厂，要同时运行所有执行者。但若还有附加的 throttle 参数，则需要限制并行数。在并行数限制内，当有执行者执行完毕时，才开始下一个执行者。

对于 sequence 和 fallback 工厂，只需将 throttle 设为 1 即可。

```
    if (!Number.isSafeInteger(throttle) || throttle < 0) {
        throw make_reason(factory_name, "Bad throttle.", throttle);
    }
    let repeat = Math.min(throttle || Infinity, requestor_array.length);
    while (repeat > 0) {
        setTimeout(start_requestor, 0, initial_value);
        repeat -= 1;
    }
```

接下来返回取消函数，这样就可以从外面通过该函数来取消执行了。

```
    return cancel;
}
```

下面是四个公有函数。

parallel 函数最复杂，因为它有“非必执行请求器”的概念。

```
function parallel(
    required_array,
    optional_array,
    time_limit,
    time_option,
```

```
    throttle,
    factory_name = "parallel"
) {
```

记住，它是四者中最复杂的。非必执行请求器让该工厂的容错策略更宽容。它的返回值是返回一个数组的新请求器。

```
    let number_of_required;
    let requestor_array;
```

下面分四种情况进行分析，因为 required_array 和 optional_array 都有空和非空两种状态。

```
    if (required_array === undefined || required_array.length === 0) {
        number_of_required = 0;
        if (optional_array === undefined || optional_array.length === 0) {
```

若两个数组都为空，则参数错误。

```
            throw make_reason(
                factory_name,
                "Missing requestor array.",
                required_array
            );
        }
```

若只有 optional_array 数组有值，则认为它是 requestor_array。

```
        requestor_array = optional_array;
        time_option = true;
    } else {
```

若只有 required_array 数组有值，则认为它是 requestor_array。

```
        number_of_required = required_array.length;
        if (optional_array === undefined || optional_array.length === 0) {
            requestor_array = required_array;
            time_option = undefined;
```

若两个数组都有值，则将其拼接。

```
        } else {
            requestor_array = required_array.concat(optional_array);
            if (time_option !== undefined && typeof time_option !== "boolean") {
                throw make_reason(
                    factory_name,
                    "Bad time_option.",
                    time_option
                );
            }
```

```
        }
    }
```

接着检查数组，并返回新的请求器。

```
    check_requestor_array(requestor_array, factory_name);
    return function parallel_requestor(callback, initial_value) {
        check_callback(callback, factory_name);
        let number_of_pending = requestor_array.length;
        let number_of_pending_required = number_of_required;
        let results = [];
```

调用 `run` 函数，让请求器跑起来。

```
        let cancel = run(
            factory_name,
            requestor_array,
            initial_value,
            function parallel_action(value, reason, number) {
```

`action` 函数将每个请求器的结果装进一个数组中。`parallel` 的返回值就是每个请求器执行完毕之后的结果数组。

```
                results[number] = value;
                number_of_pending -= 1;
```

如果当前返回结果的请求器是必执行请求器，需要确保其执行成功。若它执行失败，则整个新请求器会被认为执行失败。但是如果非必执行请求器执行失败，则可以继续执行。

```
                if (number < number_of_required) {
                    number_of_pending_required -= 1;
                    if (value === undefined) {
                        cancel(reason);
                        callback(undefined, reason);
                        callback = undefined;
                        return;
                    }
                }
```

如果所有的请求器都执行完毕，或者所有必执行请求器都执行成功且没有定义 `time_option`，则请求器完成。

```
                if (
                    number_of_pending < 1
                    || (
                        time_option === undefined
                        && number_of_pending_required < 1
                    )
                ) {
                    cancel(make_reason(factory_name, "Optional."));
```

```
                    callback(
                        factory_name === "sequence"
                        ? results.pop()
                        : results
                    );
                    callback = undefined;
                }
            },
            function parallel_timeout() {
```

当计时器时间到且 time_option 为 true 时，停止所有工作；而当 time_option 为 false 时，必执行请求器执行没有时间限制，非必执行请求器则只能在超时前或者所有必执行请求器完成之前执行（取决于哪个时间更晚）。

```
                const reason = make_reason(
                    factory_name,
                    "Timeout.",
                    time_limit
                );
                if (time_option === false) {
                    time_option = undefined;
                    if (number_of_pending_required < 1) {
                        cancel(reason);
                        callback(results);
                    }
                } else {
```

哪怕超时了，若所有的必执行请求器都在此之前执行成功，那么整个 parallel 逻辑都算成功。

```
                    cancel(reason);
                    if (number_of_pending_required < 1) {
                        callback(results);
                    } else {
                        callback(undefined, reason);
                    }
                    callback = undefined;
                }
            },
            time_limit,
            throttle
        );
        return cancel;
    };
}
```

race 函数比 parallel 简单多了——它无须关心所有返回值，只需要单独一个结果即可。

```
function race(requestor_array, time_limit, throttle) {
```

race 工厂返回的新请求器会一次性开始 requestor_array 中的所有请求器。先执行成功的那个胜出。

```
    const factory_name = (
        throttle === 1
        ? "fallback"
        : "race"
    );

    check_requestor_array(requestor_array, factory_name);
    return function race_requestor(callback, initial_value) {
        check_callback(callback, factory_name);
        let number_of_pending = requestor_array.length;
        let cancel = run(
            factory_name,
            requestor_array,
            initial_value,
            function race_action(value, reason, number) {
                number_of_pending -= 1;
```

一旦有请求器胜出，则将剩下的请求器取消，并将刚才的结果传入 callback。

```
                if (value !== undefined) {
                    cancel(make_reason(factory_name, "Loser.", number));
                    callback(value);
                    callback = undefined;
                }
```

若一个都没成功，那么认为失败了。

```
                if (number_of_pending < 1) {
                    cancel(reason);
                    callback(undefined, reason);
                    callback = undefined;
                }
            },
            function race_timeout() {
                let reason = make_reason(
                    factory_name,
                    "Timeout.",
                    time_limit
                );
                cancel(reason);
                callback(undefined, reason);
                callback = undefined;
            },
            time_limit,
            throttle
        );
        return cancel;
    };
}
```

fallback 在本质上是限流的 race。

```
function fallback(requestor_array, time_limit) {
```

它返回的请求器会依次执行 requestor_array 中的请求器，直到遇到第一个成功的请求器。

```
    return race(requestor_array, time_limit, 1);
}
```

sequence 在本质上是限流的 parallel，且会层层传递每次执行的结果。

```
function sequence(requestor_array, time_limit) {
```

依次执行数组中的请求器，将上一个请求器产生的值传递给下一个请求器，直到所有请求器成功。

```
    return parallel(
        requestor_array,
        undefined,
        time_limit,
        undefined,
        1,
        "sequence"
    );
}
```

接下来，只需要导入就可以使用刚写好的“热乎”模块了。

```
import parseq from "./parseq.js";
```

20.11 用词

艾兹格·迪杰斯特拉[1]在 1962 年意识到了线程的问题，是最早认识到这个问题的人之一。他制定了第一代互斥锁机制——**信号量**（semaphore）。信号量被实现为两个函数：P 和 V。P 负责锁住临界区（critical section）。若临界区已被锁，则阻塞调用者。V 则负责释放锁，让等待中的线程可以再次锁住临界区并执行后面的逻辑。

泊·派克·汉森和托尼·霍尔将信号量集成到了类中，从而将其**监视**（monitor）起来。这种形式为我们提供了更好的便利性和容错性。

---

[1] 艾兹格·迪杰斯特拉（Edsger Dijkstra）是计算机科学家，早年钻研物理及数学，后转为研究计算学。是 Dijkstra 最短路径算法的创造者。——译者注

Java 语言也有类似的东西，称为 **synchronized**。它用 `synchronized` 关键字对代码进行注解来为其插入信号量。但是这个用词真的毫无意义。

同步（synchronous）意为同时存在，或者使用同一个时钟。乐队中的演奏者是同步的，因为他们根据指挥者的节奏进行演奏。在 Java 语言设计之初，设计者们尝试找出一个与时间相关的单词。不过看起来他们还是不够努力啊。

微软在为 C#设计事件化支持的时候，也犯了错。设计者们参考了 Java，将这个错误带到了 C#中，并为其加上 `a-`前缀来表示同步的反义词。`async` 更加让人不明所以。

多数程序员对于并发编程并没有多少的经验，也没接受过特定的培训。同时管理多个活跃逻辑对于他们来说比较陌生。这些毫无逻辑的术语并不会让并发编程变得简单。这是典型的无知者引导更无知者。

第21章
日　期

●○●○●

门开之时，汝之秘郎[①]当为潘安乎？为武大乎？

——妙极百利

我们的公历反映了太阳和月亮的运行规律。这个伟大的系统在人类发现太阳系的运行原理之前就已诞生。历史上，人类对该历法系统做过多次规则上的修补，然而直到现在，它也还不完美。经过长期的征战和贸易，这一扭曲的历法系统被修补得越来越臃肿。它虽然最终变成了全人类通用的历法，但没有得到应有的修正，人们也没有找到更合适的替代品。现代公历运作得不错，但是我认为它应该运作得更好。

现代公历基于罗马历演进而来。罗马历最初只有10个月，剩下的时间全部归于一整个“冬季”。第一个月叫 March，名字取自古罗马战神玛尔斯（Mars，也指火星）；第十个月则叫 December（其拉丁词根 decem 表示“十”）。现如今，之前剩下来“冬季”被新的两个月取代，即 January 和 February 。February 有点惨，出于政治目的，它的天数有时会被拿去填补其他月的天数。另外，由于一年的天数并不是整数，历法每四年就多补出一天以凑整。[不过回归年（tropical year）的天数不是整数这一点并不是罗马历的设计错误。] 人们将古罗马历法多出来的两个月（January 和 February）作为一月和二月，而 December 最终按顺序被挪到了十二月，这方便整个历法系统的调整。

凯撒大帝制定了这样一条规则：将每四年多出来的闰日加到二月中。这种做法在一定程度上减小了历法的偏移量，但无法完全抹除偏移。格列高利十三世对凯撒大帝的规则做了改进，但让整个历法体系变得更复杂了——我们从没享受过既简洁又精准的历法系统。格列高利历的

---

① 此处原文为 mystery date，指妙极百利公司出品的一款恶搞类棋牌游戏《神秘男友》。不过，此处的 date 一语双关，也指 JavaScript 中的 `Date` 类。——译者注

闰年算法是：

> 如果年数可被 4 整除且不可被 100 整除，或者年数可被 400 整除，则向其增加一个闰日。

按照这种算法，一年平均约为 365.2425 天，与真正的回归年（约 365.242 188 792 天）比较接近。

我认为其实有更好的算法：

> 如果年数可被 4 整除且不可被 128 整除，则向其增加一个闰日。

按照这种算法，一年平均约为 365.242 187 5 天，与真正的回归年更加接近。虽然这样还不能完全与回归年吻合，但在作为程序员的我看来，往算法中加入两个 2 的幂的插值[①]有神奇的效果。如果一年的天数恰好是整数，弄不好我真的会相信智慧设计论（Intelligent Design）[②]。

依前文提到的两种算法计算，下一个差异点为 2048 年。我觉得应该在这个差异点到来之前，尽早地将更好的算法标准化。

以前，闰日被添加到了一年的最后。然而，在多出来的两个月（January 和 February）成为一年的开头之后，人们却没有将闰日从 February 挪到 December 中。

分和秒是从 0 开始计数的，这很棒。然而分数和秒数都是 60 的模，这就不棒了。小时也是从 0 开始计数的，然而在十二小时制中，人们却用 12 去代替 0，这就很让人头疼。

（如果可以，我希望一天有 10 小时，每小时有 100 分，每分有 100 秒。这么一来，每秒的间隔就会变短，即为现在计时系统每秒间隔的 86.4%。这种改进会让每秒的嘀嗒节奏更动听，我会觉得生活更美好。）

月和日都是从 1 开始计数的，因为在人类发现“零”之前，月和日就已经被标准化了。月数是 12 的模。古罗马人尝试将月数设计为 10 的模，但设计出来的历法无法自洽。每个月的日数根据年月的不同，有可能为 30、31、28 或者 29 的模。年也是从 1 开始计数的，不过我们现在所处的年代是公元纪年元年的 21 个世纪后了，所以可以忽略这种从 1 开始计数的不便。

---

① 在离散数据的基础上补插连续函数，使得这条连续曲线通过给定的所有离散数据点。插值是离散函数逼近的重要方法，利用它可通过函数在有限个点处的取值状况估算出函数在其他点处的近似值。——译者注

② 智慧设计论是一个有争议性的论点，它认为“宇宙和生物的某些特性用智能原因可以更好地解释，而不是来自无方向的自然选择”。——译者注

21.1 Date 的函数

对于需要处理时间逻辑的程序来说，各种离奇的计时方式是一种潜在的危害。Java 的 Date 类提供了日期计算的能力。这个类本可以非常简洁，却被人们实现得异常复杂，体现了传统编程中最糟糕的一种设计模式。JavaScript 本可以做得比 Java 更好，然而糟心的是，它错把 Java 当了榜样。

现如今，JavaScript 的 Date 对象有一堆方法，大多数是些 getter 和 setter。

```
getDate                          setDate
getDay                           setFullYear
getFullYear                      setHours
getHours                         setMilliseconds
getMilliseconds                  setMinutes
getMinutes                       setMonth
getMonth                         setSeconds
getSeconds                       setTime
getTime                          setUTCDate
getTimezoneOffset                setUTCFullYear
getUTCDate                       setUTCHours
getUTCDay                        setUTCMilliseconds
getUTCFullYear                   setUTCMinutes
getUTCHours                      setUTCMonth
getUTCMilliseconds               setUTCSeconds
getUTCMinutes                    setYear
getUTCMonth                      toDateString
getUTCSeconds                    toISOString
getYear                          toJSON
                                 toLocaleDateString
                                 toLocaleString
                                 toLocaleTimeString
                                 toString
                                 toTimeString
                                 toUTCString
```

举例来说，getDate 方法用于返回某个 Date 对象对应月的日子。你看，它们的名字里虽然都有 Date，却有着不同的含义。更有甚者，Date 中还有一个叫作 getDay 的方法，它返回对应的星期几。

getMonth 方法的返回结果是从 0 算起的，毕竟这是程序员的习惯。也就是说，getMonth 的返回值范围是 0 ~ 11。但 getDate 不是从 0 算起的，它的返回值范围是 1 ~ 31。这种不一致性就是错误的根源。

1999 年之后，getYear 和 setYear 就开始出问题了，我们不应该使用这两个方法。Java 于 1995 年诞生，其日期相关方法本身就会在 2000 年失效。设计者没感受过被千年虫支配的恐惧吗？还是说连 Java 都没想到自己居然能存活这么久？这一切我们无从得知。我们仅知道的是 Java 居然莫名其妙地真的活了这么久，而且 JavaScript 居然也犯了同样的错误。请务必使用 getFullYear 和 setFullYear 来规避这个错误。

Date 是传统编程的糟粕，这一点毋庸置疑。对象应该封装一些东西，而与该对象的交互应该交给事务或者其他更高阶的机制去处理。Date 则通过 getter 和 setter 直接暴露了与时间相关的底层数据。这让 Date 显得不伦不类。

21.2　ISO 8601

new Date 构造函数可以接收一个用于表示日期的字符串作为参数，由它生成的 Date 对象与该字符串代表的日期相对应。让人摸不着头脑的是，ECMAScript 标准并没有指定日期字符串的解析和识别规则。就标准来说，我们不能保证传进去的日期字符串能被识别，除非它是 ISO 日期。

ISO 8601 是用于表示日期和时间的国际化标准。JavaScript 被要求能正常解析像 2018-11-06 这种形式的 ISO 日期字符串。将最高有效数据放在字符串首，将最低有效数据置于其尾，这种表示法可比美国标准的 11/06/2018 有意义多了。好处之一是，这样的日期字符串是可以按字典序排序的。

21.3　事后诸葛亮

木已成舟，我们已经无法从 JavaScript 本身去挽救 Date 的糟糕设计。它本不该从 Java “借鉴”这个错误，这是一个会伴随 JavaScript 一生的错误。事实上，JavaScript 的大多数设计错误源于“借鉴”Java。如果还有选择，我倒是想像下面这么设计。

一个日期应当有以下三种表示形式。

- 毫秒级时间戳
- 具有以下属性的数据对象：
  - year
  - month
  - day

    - hour
    - minute
    - second
    - zone
    - week
    - weekday
- 基于某种标准的日期字符串

我们不应该使用有一堆方法的传统 `Date` 对象，只需要一些简单的函数就能让日期在上述三种表示形式之间转换。

- `Date.now()`用于返回当前时间戳。这个函数本身就存在，可以在任何 JavaScript 代码中执行。但我觉得 JavaScript 只能在受信代码中执行这个函数。一段不纯的恶意代码可能会通过 `Date.now()`或者 `Math.random()`来改变代码的行为，以此来绕过一些检测。
- `Date.object()`用于返回日期对象，接收数或者字符串作为参数。当参数是字符串的时候，该函数可以接收多个参数来设定时区、字符串格式等信息。
- `Date.string()`用于返回人类可读的字符串日期表示形式。它接收数或者日期对象作为参数，还可以为其附加上时区、字符串格式等可选参数。
- `Date.number()`用于返回时间戳。它接收日期对象或者字符串作为参数，还可以为其附加上时区、字符串格式等可选参数。

这么一来，整套机制就简单了很多，也更易用、稳健，并且无惧千年虫。在这套机制中，只有一个函数是不纯的，其余三个都是纯函数，不像原来的 `Date` 机制暴露了不少不纯且底层的方法。Java 则做不到这一点，因为它天生没有对象字面量。我不知道为什么 JavaScript 并没有这么做，但期望下一门语言可以采纳我的观点。

JavaScript 使用的时间戳是从 `1970-01-01` 开始的。到 2038 年，32 位 Unix 操作系统会因时间戳中的所有比特位用光且溢出而出问题。事实证明，32 位不足以支撑以秒作为最小粒度的系统时钟。

我个人认为将 `0000-01-01` 作为时间戳的起始时间更合适。在这种情况下，JavaScript 的数值体系足以支撑以毫秒作为最小粒度的计时器直到 285 426 年。我相信那时已经有了一套完美的历法系统，除非人类灭绝。加油吧。

第 22 章

JSON

●○●●○

> XML 能主数据格式非以其技高，但因其应用之广也。然 JSON 与 YAML 拥趸常略此而感：虽痴者亦能造数据格式以胜 XML。
>
> ——詹姆斯 · 克拉克

让我给你讲讲世界上最受欢迎的数据交换格式的起源吧。

22.1　发现

JSON 是于 2001 年在奇普 · 莫宁斯达家后方的一间棚子中被发现的。那时我和奇普成立了一家开发单页 Web 应用平台的公司。我负责写一个好用的 JavaScript 库，奇普则负责编写高效、可扩展的会话服务器，从而让用户可以像安装计算机脑程序一样生成 Web 页面。我们的平台还支持多用户协作，这在当时可是领先于业界的。

我对奇普的会话服务器至今印象深刻。后来，他又对其进行了多次重构，最近的一次迭代叫作 Elko。

Elko 什么都好，就是不该用 Java 写。我希望在不远的将来有人能有偿让奇普用 JavaScript 再实现一遍。这样就能让 Node.js 再先进一点儿了。它会更安全、更可扩展，并可以支持更多应用。

言归正传。当时我们需要一种能在浏览器和服务器之间传递信息的方式，而那个时候的软件工业已经完全被 XML 统治了。微软、IBM、甲骨文、Sun、惠普等巨擘都已决定基于 XML 来构建下一代软件，他们的生态和客户也纷纷加入了这个行列。

我们想要的是一种能在不同语言写的程序之间交换数据的方式。我们也考虑过 XML，但一致认为它很难满足需求。XML 的普遍用法是，先将一个查询发送给服务器，然后由服务器返回一个 XML 文档。这样的话，我们还需要再编写在 XML 中查询数据的逻辑。为什么不能让服务器返回程序直接能使用的数据格式呢？我们的数据根本不像文档。

当时有很多优化过的 XML 变体可用，但是没有一个让我心动。于是我们决定自己来。然后我恍然大悟——JavaScript 对象字面量就是个很好的选择。它因为内置于 JavaScript 中，所以在 JavaScript 里使用起来很方便；而在 Java 中，它的生成与解析肯定不会比 XML 更复杂——我敢打包票。

我们期望我们的平台在微软的 Internet Explorer 浏览器和网景导航者（Netscape Navigator）中都能正常运行。这一点真的很难做到，因为两家公司都有自己的特性——它们几乎没有共同点。微软与服务器通信的函数是 `XMLHttpRequest`，然而网景则没有这样的函数，所以我们不能使用它。

两个浏览器都支持 JavaScript（ES3），而且支持框架集（frameset）。最终，我们决定将两者结合一下来组成通信频道。第一条发往浏览器的 JSON 消息是这样的：

```
<html><head><script>
document.domain = "fudco.com";
parent.session.receive({to: "session", do: "test", text: "Hello world"});
</script></head></html>
```

该网页中包含一个不可见的 frame。我们在该隐藏的 frame 中进行 `POST` 请求来将消息发送给服务器。服务器的响应是一个 HTML 文档，该文档中有一个 `script` 标签，里面的脚本逻辑是调用主 frame 中 `session` 对象的 `receive` 方法。我们必须指定 `document.domain` 来开启 frame 之间的通信能力。JavaScript 解释器解析了该消息。

虽然我很想骗你说一切顺利，但第一次尝试还是失败了。ES3 的保留字策略真是糟透了，下面是当时 ES3 的保留字。

```
abstract boolean break byte case catch char class const continue debugger default delete
do double else enum export extends false final finally float for function goto if
implements import in instanceof int interface long native new null package private
protected public return short static super switch synchronized this throw throws
transient true try typeof var void volatile while with
```

ES3 的保留字策略使我们无法将保留字用作变量名、参数名，也无法将其用作对象的属性名，无论是数表示法的属性名还是**对象字面量中的属性名**。再看看前面的“第一条 JSON 消息”，里面有一个 `do` 属性，所以我触发了 ES3 的语法错误。唉，失败了。

很高兴这个策略在 ES5 中被修正了。在 ES5 中，保留字列表变短了，我们也可以在属性名中使用保留字了。但在 2001 年，必须在 do 外面加上引号来让程序正常运行。奇普把 ES3 的保留字列表加到了他的编码器中，这样我们的问题就解决了。

我们发现，如果字符串包含</就有可能触发错误，因为浏览器会认为它是 script 的结束标签，所以 JavaScript 解释器只会接收部分数据，从而引发语法错误。我们的解法是对斜杠进行转义。浏览器可以正常识别<\/。

当时我们称其为 JSML，听着不怎么样。后来我们发现 Java 领域已经有同名的东西了，所以很快改了个名：JSON。

JSON 在 JavaScript 和 Java 的通信中表现良好。我们还将其用于服务器之间的通信。我们开发了第一个 JSON 数据库。

22.2 标准化

JSON 概念的推广历经坎坷。因为人们已经在使用 XML 了，所以他们都说不会使用 JSON。还有的人说，因为它不是一个标准，所以不会使用它。我说它是一个标准，是 ECMA-262 的子集。他们又说 ECMA-262 也不是一个标准。因此，我决定将其制定为标准。

我买下了 json.org 这个域名，并开始致力于将 JSON 标准化。那时的 JSON 还仅仅是我、奇普以及 JavaScript 之间的“君子协定”。在制定标准的过程中，我必须做一些决定。我的指导原则是保持它文本化、最小化，以及坚持它是 JavaScript 的子集。

“最小化”原则很重要。标准应该保持简单和完整，我们允许的事物越少，实操就越容易。“JavaScript 的子集”原则可以有效阻止我添加一些虽然“可爱”但是不必要的特性。

JavaScript 允许用单引号（'）和双引号（"）包裹字符串。不过“最小化”原则让我决定只选其中之一。

标准定义属性名需要以引号包裹。因为我并不想把 ES3 的保留字列表加到标准中来，这看起来太愚蠢了。我可以预见会有人质疑**为什么一定要加引号**。答案也很简单，**因为 JavaScript**。我们一直尝试说服人们用 JavaScript 来开发程序，所以我不想让 JSON 标准暴露 JavaScript 的糟粕。如果将所有的属性名用引号包裹起来，这个问题就不存在了，多好。这同时也简化了定义，因为我们不用过多解释“字母是什么”——在国际化形势下，这个问题很复杂。用引号包裹起来，我们就不用关心这个问题了。属性名可以是任意字符串，多简单。这也让 JSON 看起来更像 Python，从而更容易推广。

原来的标准还支持注释，因为它是“JavaScript 的子集”原则中允许的特性，而我觉得它的确很棒。但我后来看到一些早期的使用者在注释中用了解析指令。这就破坏了通用性，后果严重。

随着越来越多的语言开发出 JSON 解码器，我发现很多 JSON 解析器几乎过半的逻辑都在处理注释。这倒不是因为处理注释的逻辑有多复杂，而是因为 JSON 剩下的部分太简单了。注释处理的逻辑拉低了解析器的性能。

后来 YAML 社区与我取得了联系。JSON 在某种程度上类似于 YAML 的一个子集。如果我们在各自的数据交换格式上做一点儿小改动，那么 JSON 就能成为 YAML 更名正言顺的子集了。改动的一个焦点就是注释。

JSON 的本意在于让网络上用不同语言编写的程序联立起来。对于程序而言，注释并没有存在的必要，因此它会降低网络的性能。注释是多余且令人讨厌的，所以我后来将其移除了。

如果你真的需要注释，有两种解决方法。一是通过 `jsmin` 之类的压缩器管道来传递注释文本。不幸的是，这个方法对于缺少编写简单管道经验的开发者来说并不适用。二是将注释正规化，即将其放入 JSON 结构。如果有注释真的非常重要，那么它就应该拥有姓名，并被妥善保存和处理。

我其实未能实现将 JSON 作为 JavaScript 一个恰当的子集的目标。统一码有一对不可见的控制字符：段落分隔符（paragraph separator，PS）和行分隔符（line separator，LS），用于老式文字处理系统。JavaScript 将其视为行结束符，就跟回车（carriage return，CR）和换行符（line feed，LF）一样。我忘了它们的存在，所以 JSON 允许其出现在字符串中。还好 PS 和 LS 很罕见。我个人并没有遇到过因其产生的问题。ES5 中新添加的内置 JSON 解析器已经妥善处理了 PS 和 LS，修复了不兼容性。

统一码中还有一些“不是合法字符”的字符。有一些统一码狂热分子坚持认为 JSON 不应该允许它们的存在。JSON 才不在乎这些呢。JSON 只是一种媒介，并不是一种强制手段。至于这些不合法字符要如何处理，应该交给数据接收者来决定。JSON 并不保证所有内容对于每一个接收者都有意义。如果发送者和接收者对于传递的数据达成共识，则达成的共识就应该被 JSON 表达出来。

我想让 JSON 独立于 IEEE 754。Java 和 JavaScript 都使用 IEEE 754 二进制浮点数，但是 JSON 无所谓。JSON 可以让数据在有不同数值表示形式的编程语言之间传递。所以使用二进制浮点数的编程语言可以与使用 BCD 码的编程语言交换数据，使用大数值浮点数（big decimal floating point）的编程语言也可以与一些拥有奇怪数值表示法的编程语言进行交互。这样一来，万一 IEEE 754 哪天惨遭淘汰，JSON 就可以幸免于难了。

我没有纳入 `Infinity` 和 `NaN`，因为它们出现在数据中意味着“错误”，而我们不应该使用错误的数据。我们不应该传播不良数据，这是一个糟糕的行为。

我将 `e` 和 `E` 都用作 JSON 中的科学计数法，这违反了“最小化”原则。我其实应该弃用 `E`，而且 e 后面紧跟着的+也是多余的。

我将 `null` 加入了 JSON，因为计算机科学家们似乎很喜欢它。JSON 并不定义 `null` 的含义，它在不同场景下的意义交由使用者自行决定。JSON 并不定义任何行为，它只定义数据格式、一种简单的数据语法。

我在一个网页中用三种方式描述了 JSON：麦基曼范式、铁路图和非正式的英语。我希望读者能理解至少一种表示法。

我并未为 JSON 或其 logo 注册商标，甚至没有在页面上放置版权声明。我想让 JSON 标准尽可能免费、畅行无阻。我不想从 JSON 中获利。我只想大家使用它。

我开始收到将不同语言的解码器链接添加到 json.org 的请求，并且同意了。这些解码器几乎都是开放且免费的。还有人为该页面贡献了翻译。这也是 JSON 简单性带来的好处——易于翻译。

2006 年，我为 IETF 编写了 RFC 4627，目的是为 JSON 分配一个 MIME 类型。我期望的是 `text/json`，但是他们能给的最好结果却是 `application/json`。说实话，我挺失望的。

考虑到 JSON 的成功，我认为 IETF 实际上应该让 `json` 成为一级媒体类型，这样人们就可以注册像 `json/geo` 和 `json/money` 这样的媒体类型了。

2013 年，我编纂了 ECMA-404，被 ISO 采纳为 ISO/IEC 21778。因为 JSON 变得重要起来，别的标准开始引用它，所以这些标准需要更正式的引用，而不是我的网页。

22.3　JSON 凭什么

JSON 的初心就是让用不同语言编写的程序有效地正常通信。这是一个难题，因为不同语言里的值与数据结构不尽相同而且相当复杂。所以我设计 JSON 的一个取巧之处就是“关注共性”。

虽然不同语言的数值表示形式可能天差地别，但好在它们都允许数值以十进制字符串的形式进行表示，尽管有的有小数点、有的会被加上十进制的指数。有些语言支持整数类型，但是还有些不支持（比如 JavaScript）。JSON 则在这些不同中找到了最好的共性去理解数值字符串。

不同语言对字符串和字符的处理也不一样。一门语言的字符串内部表现形式有可能是

UTF-16（如 JavaScript）、UTF-32、UTF-8、ASCII、Half ASCII 或者 EBCDIC。JSON 则不关心这些内部表现形式。我们将字符串最大化理解，然后将其转换为对于各语言自身来说有意义的表示法。

大多数语言有一种数据结构来表示线性序列中的值。这个线性序列在每种语言中都不一定一样，但是有了 JSON，就都能以用方括号包裹并用逗号分隔值的形式来表示了。不管你用的语言下标是从 0 开始还是从 1 开始，这种表示形式都能很好地保证效果。

大多数语言还会有某种将属性名与值关联起来的数据结构，看起来也很不一样。但有了 JSON，这种数据结构就都能以用花括号包裹并用逗号分隔键和值的形式来表示了。

这些就够了。JSON 关注了不同语言的交集，从而使这些语言可以在该交集中互通有无。批评家认为这是天方夜谭，但它就是被创造出来了，而且还在茁壮成长。

22.4 影响力

由于有另外两种编程语言的开发经验，我识别出了对象字面量的可移植性。LISP 语言有一种名为 **S 表达式**（s-expression）的文本表示形式，既可以用于程序又可以用于数据。在 Rebol 语言中，也有同样的文本表示形式用于程序和数据，但其语法更丰富。对于 Rebol 而言，使用这种表示形式来序列化传输数据是一种很自然的做法，而我将这种思想用在了 JavaScript 中。

我不是第一个将 JavaScript 用作编码器的人。很多人在开发历程中“各自”发现了这种用法。据我所知，这最早可以追溯到 1996 年。我只是尝试将这种做法推广成为标准的人之一。

JavaScript、Python 和 Newtonscript 这三种语言几乎是同期被设计出来的，它们创建数据结构的语法很相似。Next OpenStep 的 Property Lists 出现得更早，不过也有类似的格式。

在后 XML 时代，JSON 的崛起看起来是必然的。但随着 JSON 慢慢崭露头角，我们发现它还是有很多不确定性。

22.5 JSON 对象

JavaScript 对 JSON 的支持体现在 `JSON` 对象中的两个函数上。这两个函数分别为 `parse` 和 `stringify`，它们是我犯下的错误。我学了 `Date` 的坏榜样，选用了 `parse` 这个名字，之前我们已经讲过这种糟糕的设计了；而我选用 `stringify` 的原因是 `toString` 看起来不是正确的选择。要是让我再做一次的话，我会选用 `decode` 和 `encode` 这两个名字。

```
JSON.parse(text, reviver)
```

`parse` 函数接收 JSON 格式的文本，并将其解码为 JavaScript 数据。可选参数 *`reviver`* 函数可用于做一些额外的转换逻辑，程序会向其传入键名和对应的键值，它应该返回该键名的最终值。

例如，我们可以写一个 *`reviver`* 来将日期字符串转换为日期对象。如果一个键名以`_date`结尾，或者键值是一个 ISO 日期格式的字符串，就要将其转换为 `Date` 对象。JSON 标准中是没有日期类型的，但是日期可以被编码成字符串，并在解码侧转换回日期对象。

```
const rx_iso_date = /
    ^ \d{4} - \d{2} - \d{2}
    (?:
        T \d{2} : \d{2} : \d{2}
        (?:
            \. \d*
        )? Z
    )? $
/;

const result = JSON.parse(text, function (key, value) {
    return (
        typeof value === "string" && (
            key.endsWith("_date")
            || rx_iso_date.match(value)
        )
        ? new Date(value)
        : value
    );
});
```

```
JSON.stringify(value, replacer, space)
```

`stringify` 函数接收一个 *`value`* 并将其编码成 JSON 格式的文本。可选参数 *`replacer`* 函数也可以做一些额外的转换，它接收键名和键值，并为键名返回最终值。

例如，我们可以用这个参数将 `Date` 对象自动转换为 ISO 字符串。*`replacer`* 函数的返回值会被传给 `JSON.stringify`，由它将该结果纳入整个 JSON 的结果。

```
const json_text = JSON.stringify(my_little_object, function (key, value) {
    return (
        value instanceof Date
        ? value.toISOString()
        : value
    );
});
```

（不过实际上我们并不需要这么做，因为 `Date.prototype.toJSON` 已经为我们做了这件事。详情见下面的 toJSON。)

replacer 参数还可以是一个字符串数组。只有能在数组中找到名字的那些属性才会被最终转换。它相当于一个属性白名单，用于过滤掉我们在转换时并不关心的属性。不过我觉得它应该是一个单独的参数，而不应该作为 *replacer* 的一种重载形式。

JSON 的文本格式允许空白存在，从而提高人类可读性。默认情况下，JSON.stringify 并不会添加空白，这样文本在传输时会更紧凑。如果我们指定了 *space* 参数，那么 JSON 文本会被格式化，有换行、有缩进。正确的缩进值应该是 4，我真该把这个参数设定为布尔类型。

```
toJSON()
```

所有对象都可以有一个 toJSON 方法，在对其调用 JSON.stringify 的时候，这个方法就会被使用。这就是为什么非类实例的对象也可以有对应的 JSON 表示法。通常情况下，只包含函数的非类实例对象会像空对象一样字符串化(stringify)。但是如果它包含一个 toJSON 方法，那么它字符串化的结果则是 toJSON 的结果。

Date 对象从 Date 类中继承了 toJSON 方法，可以将日期对象转换为 ISO 字符串。

22.6 安全隐患

JSON 的第一批用户使用 JavaScript 的 eval 函数（或者其等效方式）来解码 JSON 字符串。eval 函数固然危险，但在当时的场景下，大多数 JSON 数据和脚本是从同一台服务器传输过来的，所以安全性并不比普通的 Web 差。

但后来情况发生了改变，因为从别的服务器传输 JSON 数据并为其加上<script>标签的用法流行了起来。人们通过 eval 来执行脚本，但是没有一种有效的方式来保证该脚本是正常的 JSON，而不是一次 XSS。这种用法虽然方便，却很不负责任。

绝对不要通过纯字符串拼接的方式来构建 JSON 文本，因为恶意脚本可能会包含反斜杠和引号等。如果通过纯拼接的方式来构建 JSON 字符串，就有可能中招。我们应该通过使用 JSON.stringify 这样的 JSON 编解码器或者类似的方式来防止恶意脚本的执行。

这也是为什么 toJSON 和 *replacer* 函数的返回结果都会交由 JSON.stringify 再处理一遍。毕竟，将这些函数的返回结果直接插入 JSON 字符串会导致之前所述的反斜杠等恶意注入生效。如果可以在 JSON 中使用不同字符串边界符（如『string』）就好了，可惜木已成舟，我们只能使用双引号。这使我们现在不得不在编码时保持清醒。

22.7 麦基曼范式

麦基曼范式（McKeeman Form）是一种表达语法的方式。该范式由美国达特茅斯学院的比尔·麦基曼提出，是精简版的巴科斯范式（Backus-Neur Form，BNF）。与巴克斯范式不同的是，麦基曼范式的空白是有意义的，且使用了更少量的元字符。我喜欢麦基曼范式，因为它足够精简。

麦基曼范式可以实现自举——它可以用麦基曼范式来表示自身语法。

统一码 U+0020 表示**空格**（space），U+000A 表示**换行**（newline）。

```
space
    '0020'
newline
    '000A'
```

名字（name）是一个字母序列。

```
name
    letter
    letter name
letter
    'a' . 'z'
    'A' . 'Z'
```

缩进（indentation）为四个空格。

```
indentation
    space space space space
```

语法（grammar）是一个或多个规则（rule）的列表。

```
grammar
    rules
```

各规则由换行分隔。一个规则包含单独的一行 *name*，下一行则是缩进的**详情列表**（alternative）。

```
rules
    rule
    rule newline rules
rule
    name newline nothing alternatives
```

如果规则的 `name` 之后跟着的第一行是`""`，那么该规则与 `nothing` 匹配，即表示它是一个可选规则。

```
nothing
    ""
    indentation '"' '"' newline
```

每个详情在自己所处的那一行都需要缩进，且包含一个或者多个**元素**（item），后跟一个换行。

```
alternatives
    alternative
    alternative alternatives
alternative
    indentation items newline
```

元素间以空格分隔。每个元素都是一个**字面量**（literal）或者规则的 `name`。

```
items
    item
    item space items
item
    literal
    name
```

字面量有两种形式：用单引号包裹的是统一码的**代码点**（codepoint），还可以后跟一个**范围**（range）；双引号则包裹**多个字符**（characters）。

```
literal
    ''' codepoint ''' range
    '"' characters '"'
```

除了 32 个控制码，单引号可以包裹统一码中的任意代码点。此外，单引号还可以包裹统一码代码点的**十六进制码**（hexcode）。一个十六进制码可以包含 4 ~ 6 个十六进制字符。

```
codepoint
    '0020' . '10FFFF'
    hexcode
hexcode
    "10" hex hex hex hex
    hex hex hex hex hex
    hex hex hex hex
hex
    '0' . '9'
    'A' . 'F'
```

范围用点后跟另一个代码点来指定。后面还可以选择性地跟一个减号，再跟一个代码点以表示**排除**（exclude）在范围之外。

```
range
    ""
    space '.' space ''' codepoint ''' exclude
```

```
exclude
    ""
    space '-' space ''' codepoint ''' range
```

双引号中的**多个字符**可包含除了 32 个控制字符和双引号之外的一个或者多个**字符**（character）。字符的语法定义就是代码点加上范围和排除的好例子。

```
characters
    character
    character characters
character
    '0020' . '10FFFF' - '"'
```

22.8 JSON 语法

下面就是 JSON 语法的麦基曼范式。

```
json
    element

value
    object
    array
    string
    number
    "true"
    "false"
    "null"

object
    '{' ws '}'
    '{' members '}'

members
    member
    member ',' members

member
    ws string ws ':' element

array
    '[' ws ']'
    '[' elements ']'

elements
    element
    element ',' elements

element
    ws value ws
```

```
string
    '"' characters '"'

characters
    ""
    character characters

character
    '0020' . '10FFFF' - '"' - '\'
    '\' escape

escape
    '"'
    '\'
    '/'
    'b'
    'f'
    'n'
    'r'
    't'
    'u' hex hex hex hex

hex
    digit
    'A' . 'F'
    'a' . 'f'

number
    int frac exp

int
    digit
    wunnine digits
    '-' digit
    '-' wunnine digits

digits
    digit
    digit digits

digit
    '0'
    wunnine

wunnine
    '1' . '9'

frac
    ""
    '.' digits
```

```
exp
    ""
    'E' sign digits
    'e' sign digits

sign
    ""
    '+'
    '-'

ws
    ""
    '0009' ws
    '000A' ws
    '000D' ws
    '0020' ws
```

22.9 给数据交换标准设计者的建议

我不认为 JSON 会成为最后一门数据交换标准。JSON 是为特定场景而生的，而且在该场景下表现得非常出色。慢慢地，它在其他场景也能表现出色。我们已经成功将其运用于各种领域了。然而在某些场景下，我们还可以有一些更好的选择。所以，如果你要设计下一个数据交换标准，我会给出如下建议。

0. 不要打破 JSON 的现状

我觉得我做得最好的一点就是没有赋予 JSON“版本号”。如果你给一个东西标以 1.0、1.1 或者 1.2，那么它会一直很糟糕，直到 3.0。

JSON 只有一个标准版本，除非推翻重来，否则我们无法改变它。这可以避免“版本地狱问题”（versioning hell problem），这些问题是增量迭代和“永远处于 Beta 状态”带来的痛苦、尴尬的副作用。虽说万物都会拥抱变化，然而 JSON 并不会。JSON 已经达到了稳定状态。我实在想不出应该为它加上什么更有价值的特性了。

1. 能有显著提升

我看过许多为 JSON 增加特定功能的提案。这会有产生两套标准的问题，虽然两套标准大部分彼此兼容，但是并不完全兼容。两套标准的用户都会背上所谓的“兼容性税”，例如会出现解析失败和配置问题。

对于这种“兼容性税”，要靠在新标准中添加足够有价值的内容才能弥补。所以不要对其进行琐碎的表面修饰，而是要提出实质性的、有足够价值的方案。

2. 取一个更好的名字

我看过很多新提案在 JSON 旁边加上了一个字母或者数字。千万别这么做！用心起一个好名字吧。我们在编程的过程中会花很长时间来为各种事物起名。证明自己有能力起个好名字吧。

其实 JSON 最糟糕的地方就是它的名字。它是 JavaScript 对象表示法（JavaScript Object Notation）的缩写。

JS 就是 JavaScript。这两个字母的问题在于会让用户感到困惑。有人会认为它是 JavaScript 里的一个东西，只能在 JavaScript 中使用。也有人会认为 JSON 是在 ECMAScript 标准中定义的，其实不然。JSON 是在 JSON 标准 ECMA-404 中定义的。还有一个存在了很久的 Java ≠ JavaScript 的困惑。

我之前将 JavaScript 放到 JSON 的名字中是因为想致意 JSON 的来源，而不是想沾它的光。在 2001 年，JavaScript 还是全世界“最不受待见”的编程语言之一。那些喜欢 Java、C#、PHP、Python、Ruby、Perl 和 C++等的同行们都不喜欢 JavaScript。不只是这样，连使用 JavaScript 的开发者本身也是边嫌弃边用它的。那时候 JavaScript 精粹所带来的红利期还没到来。

O 代表对象。在 JavaScript 中，对象指的是由 `name: value` 键值对组成的集合，而 JSON 也采用了这种用法。在别的语言中，对象指的是一个类的实例。从这个角度来看，JSON 应该是一种对象序列化格式，而它实际上却是一种数据序列化格式。所以这也是一个命名错误。

N 代表表示法。这倒中规中矩，没什么大碍。如果你想说你的格式是一种表示法，请自便。

第 23 章

测　　试

●○●●●

软件测试为证存 bug 之术，而难验其不存者。

——艾兹格·迪杰斯特拉

计算机程序是人类制造出来的最复杂的东西。除此之外，再也没有什么是由那么多错综复杂的部分组合在一起并能完美运行的了。完整的程序必须在方方面面都是完美的，不管对于所有输入、所有状态、所有条件还是所有时间。程序员与计算机之间有一道无形的契约：如果程序员给计算机提供的程序不完美，就相当于交给了它一张许可证，允许它在最坏的时候做最坏的事。这并不是计算机的错，而是你的错。

并没有针对完美性的测试。我们只能证明程序存在缺陷，但不能证明它没有缺陷。这就激发了人们对于证明程序完美性的追求。当时的想法是，用完善的数学理论来证明程序的完美性。这被认为是计算机科学中最重要的问题，却一直得不到解决。证明与程序编写根本不在一个复杂等级上——证明的复杂程度是压倒性的。

罗宾·米尔纳等人提出，确保类型稳健性可能比证明程序完美性更加实际。米尔纳的一句名言是，有正确类型声明的程序不会“出错”。但无论是在 Haskell 这类有良好类型系统的语言中，还是是在 C++和 Java 等有糟糕类型系统的语言中，程序都会出错。也许在未来的某一天，米尔纳的话能够成真。但就目前来说，那天还遥遥无期。

现在，对完美性的证明和类型稳健性都失败了，人们只能将明知不完美的程序投入生产，然后祈祷自己能在别人之前发现错误。这种做法太疯狂了，但的确已经是目前最前沿的做法。

我敢肯定有更好的方式，只是目前尚未被人发现。

好了，回归正题。如果能把测试做好，我们就可以发现缺陷，并且自信地修正它。但即使这样，我们还是无法证明程序不存在缺陷。而且，我们甚至经常连测试都做不好。

在 20 世纪 70 年代末、80 年代初，雅达利公司卖出的软件数在当时远非世界上的其他公司可比。当时大多数的软件是被烧录到 ROM（Read-Only Memory，只读存储器）芯片中的，而 ROM 中的错误是无法被修正的。只能将有错误的芯片丢弃，然后制造新的 ROM 芯片。雅达利制造了一种家用计算机，其操作系统就存储在 ROM 中。我对此印象非常深刻。他们得有多大的信心才敢冒风险将这些东西烧录进 ROM 啊。他们到底是如何做的呢？

我在雅达利公司的实验室担过任研究员，所以对此有所了解。秘诀就是：试用一下，如果看起来可用，就直接送到工厂去。一开始，雅达利的运气不错。但是当公司高层决定游戏《E.T.外星人》[①]不需要更多的测试起，雅达利的好运就已然耗尽。最后这家公司因该决定遭遇了灭顶之灾。

当时的程序比现在小多了，逻辑也很简单。如果一个程序只有几千字节，那么我们只需认真编码、认真测试，基本上就可以有好的正确性回报。但如今的程序通常是庞然大物，大到没人能完全理解。那我们如何保证难以理解的复杂程序是对的呢？

23.1 bug

第一个 bug 是托马斯・阿尔瓦・爱迪生发现的。当时他正在研发留声机，其实就是一个刻着螺旋槽纹、包着一张锡箔的金属圆筒，上面有一根唱针。他的原型机有一个问题：唱针每转一圈，到达锡箔纸边缘的时候，就会发出一声怪音。他对记者说他没日没夜地工作，就是想把这个 bug 除掉。

不过那时还没有 bug 这种说法。当年有很多关于发明狂人的故事，只要他们把发明中最后的 bug 解决掉，就能一夜暴富。

一个非常有名的故事关于在 Harvard Mark Ⅱ 的继电器上发现的一只飞蛾[②]。格蕾丝・穆雷・赫柏将这只飞蛾的尸体贴在了她的管理日志上，并附上标题“第一个 bug 的真实案例”。这其实并不是第一个 bug，不过的确可能是首个由昆虫引起的 bug。但现在大多数的 bug 还是由人类引起的，如果有一天人工智能会制造 bug，那也很让人兴奋。

---

① 《E.T.外星人》是雅达利公司于 1983 年发行的游戏，由游戏设计师霍华德・斯科特・华沙基于 1982 年的同名电影独立设计开发。当游戏发售后，其糟糕的游戏质量和经典电影形成鲜明的对比，使压抑已久的玩家彻底对游戏产业失去了信心，纷纷要求退货。雅达利公司却过分乐观，生产的游戏卡带甚至比游戏主机还要多，形成积压，造成了公司的巨额亏损。不久，雅达利公司破产倒闭。美国游戏产业经此冲击也遭遇灭顶之灾，无数游戏制作公司倒闭，游戏产业的重心自此从美国转移至日本。这就是游戏历史上最重大的“雅达利大崩溃”事件。——译者注

② 此处“飞蛾”的原文为 moth，而不是我们日常所了解的 bug。作者有意为之，将二者区别开来，以告知读者 bug 并非源自飞蛾。——译者注

我们应当尽可能多地消除程序中的混乱。如果我们期望程序执行一个操作但程序做了一些别的事，那么我们就会感到混乱。应该让程序尽可能保持简洁，从而减少混乱的发生。可以说 bug 就是**混乱**的同义词。消除混乱比测试更能提高生产力。

23.2　膨胀

软件开发中最大的问题之一就是软件膨胀，或者称为软件臃肿。简而言之，就是程序太大了。这可能是在开发的时候无原则地添加特性导致的，但更多是由糟糕的架构设计造成的。继承是一种常用的代码复用模式，但它的实际表现并不好，所以人们更喜欢用“复制粘贴”的形式进行代码复用。过于依赖第三方库、平台和包会让我们的程序与它们紧密耦合在一起。软件膨胀可能是敏捷开发实践导致的副作用。可能会有更多开发者加入团队来管理膨胀的软件，但是更大的团队会让软件愈发膨胀。

软件膨胀会引起安全方面的问题，因为可被攻击的面积变大了，而且给了 bug 更多藏身之地。这类系统也更难被充分测试。

缓存可以减轻 Web 浏览器中的一些膨胀现象，然而浏览器并不擅长缓存。懒加载器（lazy loader）和 tree-shaking 等工具可以延缓一些非必要代码的加载，甚至可以移除这些代码，但是这相当于为了解决膨胀而引入了新的“膨胀因子”。

实际上，面对膨胀的最好办法就是在一开始就避免其发生。在设计和编码时，优先遵循精益软件开发原则。不要在开发中使用那些膨胀的依赖包和信奉膨胀的工具。不要使用类。雇用和组建精干、高素质的开发团队。平时养成多删代码的习惯。在预估开发周期时，务必为删除多余代码、淘汰有问题的依赖包预留时间。当项目中的代码行数日益减少时，我们应当放礼炮庆祝。请遵循**最小原则**（The Principle of Least Big）。

新特性的加入有好处，但是也有成本。如果不计成本，我们早晚会为膨胀的技术债付出代价。

23.3　测试驱动开发

我个人非常讨厌将测试驱动开发（Test Driven Development，TDD）作为一种“信仰”去追求，而是喜欢将其作为一种方法论。TDD 的狂热者们会告诉你，在 TDD 的帮助下可以编写粗糙的、低质量易错的代码，甚至鼓励你这么做。他们认为测试可以发现所有 bug，所以无须严谨编码。

明明不错的实践就这样成了糟糕的实践。现实是，我们无法通过测试来发现所有 bug。我们应该在避免 bug 方面做足投资。良好的编码习惯是对软件质量的低成本投资。我这几年一直在通过观察 bug 的产生方式以及解决办法完善自己的编码风格。

一个 TDD 狂热者给我发过其代码的 JSLint 错误报告。报告中显示代码中有个函数没通过 JSLint 的检查。他跟我说这一定是 JSLint 的问题，因为这个函数通过了所有的单元测试。后来证明 JSLint 是对的，它发现了那段代码中一个正则表达式的 bug，而单元测试并没有发现——测试有问题。假阴性总是可以被迅速发现和修复，而假阳性则可长期藏身。这些测试给了我们虚假的信心，而非真实的质量。测试到底在测些什么呢？

单元测试在底层编码中是很有用的。例如，第 3 章提到的高精度整数库就是底层库，几乎没有任何依赖。我为这个库写了很多单元测试，这些测试对于库本身的开发有很大助益。

随着代码从底层一层层上升，单元测试发挥的作用越来越小。随着依赖不断增加，测试的作用也越来越小。由于在测试的时候，我们还要进行测试数据的伪造（stub、mock 和 fake），开发测试的成本也会越来越高。（我甚至经常听到开发者们在争论一个东西到底是 fake 还是 mock 上浪费时间。）而且随着逐级上升，代码的复杂度就会从组件本身转移到组件的连接中去。

随着纯度的下降，bug 就开始增加了，然而单元测试并不测试代码纯度。如果模块化做得不好，bug 也会增加，然而单元测也不测试模块化。随着时间的推移，代码会不断膨胀，然而单元测试也不测试膨胀。不客气地说，我们测试的是伪造数据（fake 和 mock 等），而不是程序本身。我并不是说单元测试一无是处，只是说它并不全面。我们用越来越多的测试却找到了越来越少的 bug。开发者写测试上瘾，而 bug 也因此产生了“耐药性”。

上述结论听起来挺让人绝望的，但我仍要告诉你测试非常有必要。精良、细致的设计与编码固然重要，但是光有二者还不够，仍然需要进行有效的测试——并且必须进行测试。

23.4 若从此路过，留下断言来

大多数测试库支持这样的调用：

```
assertEquals("add 3 + 4", 7, add(3, 4));
```

这种形式的测试写起来特别顺手。但是仔细想一下，如果 add 函数中有一个非常不起眼的错误，能否仅用一次加法测试就将其找出来呢？我们需要用不同的值来进行更多的测试。然而谁想写那么多测试呢？而且，这种形式难以测试事件化编程的代码——它只能测试那些严格顺序编程的函数。

因此，我写了一个名叫 JSCheck 的测试库，其灵感来自一个 Haskell 库，叫作 QuickCheck。JSCheck 会生成用例，并自动生成大量的随机试验。同时，它还支持事件化编程，也就是说它可以测试服务端和浏览器应用。

```
jsc.claim(name, predicate, signature, classifier)
```

JSCheck 中最重要的函数就是这个 `claim`。一个 claim 就是关于程序的一个断言。

name 是一个描述性的字符串，会展示在报告中。

predicate 是一个函数，如果返回 `true` 则表示程序如预期运行。*predicate* 接收一个 *verdict* 回调函数，后者用于传递每个试验的结果。剩下的参数由 *signature* 参数决定。

signature 是一个数组，包含一系列生成器函数，这些函数用于生成 `predicate` 函数的参数。在 JSCheck 制定器（specifier）的帮助下，我们很容易就能产出这些生成器函数。

classifer 函数是一个可选参数。它用于拒绝非法试验，还可以对试验进行分类，从而使整个结果更易于评估。

```
jsc.check(configuration)
```

你可以随心所欲地创造出任意数量的 claim，然后通过 `jsc.check` 函数来校验它们的正确性。

`jsc.check` 函数接收一个 *configuration* 对象，其中可包含如下属性。

- `time_limit`：单位是毫秒。对于每个试验来说，都可能有三个结果：`PASS`（通过）、`FAIL`（失败）和 `LOST`（超时）。每个在规定时间内未能产出判定的试验都将被视为 `LOST`。在一些场景下，哪怕试验产出了正确的结果，但是只要超出时间，就会被视为失败。
- `on_pass`：当试验通过时调用的回调函数。
- `on_fail`：当试验失败时调用的回调函数。
- `on_lost`：当试验超时的时候调用的回调函数。
- `on_report`：用于报告的回调函数。
- `on_result`：用于摘要的回调函数。
- `nr_trials`：各 claim 所需的试验数。
- `detail`：报告中的详情等级。
    - 0 表示无须报告；
    - 1 表示最小化报告，只显示各 claim 的成功分数；
    - 2 表示个别失败用例会展示在报告中；

- 3 表示在 2 的基础上展示摘要；
- 4 表示所有用例都会报告。

我对 Big Integer 库进行了测试，不过不是一个一个地测试它的函数，而是将多个函数放在一起测试。例如 demorgan 测试就一起测了 random、mask、xor、or、and 和 eq 多个函数。JSCheck 会自动生成一些随机整数，用于生成符合德・摩根定律的高精度整数。

```
jsc.claim(
    "demorgan",
    function (verdict, n) {

// !(a && b) === !a || !b

        let a = big_integer.random(n);
        let b = big_integer.random(n);
        let mask = big_integer.mask(n);
        let left = big_integer.xor(mask, big_integer.and(a, b));
        let right = big_integer.or(
            big_integer.xor(mask, a),
            big_integer.xor(mask, b)
        );
        return verdict(big_integer.eq(left, right));
    },
    [jsc.integer()]
);
```

虽然 JSCheck 提供的制定器很厉害，但它对高精度整数一无所知。所以我自己写了一个额外的生成器来生成测试用例所需的高精度整数。

```
function bigint(max_nr_bits) {
    return function () {
        let nr_bits = Math.floor(Math.random() * max_nr_bits);
        let result = big_integer.random(nr_bits);
        return (
            Math.random() < 0.5
            ? big_integer.neg(result)
            : result
        );
    }
}
```

我把乘法和除法放在一起测试。所以要先编写一个 classifer 函数来过滤那些被 0 整除的试验用例。

```
jsc.claim(
    "mul & div",
    function (verdict, a, b) {
        let product = big_integer.mul(a, b);
        return verdict(big_integer.eq(a, big_integer.div(product, b)));
```

```
    },
    [bigint(99), bigint(99)],
    function classifier(a, b) {
        if (!big_integer.is_zero(b)) {
            return "";
        }
    }
);
```

然后我再次把乘法和除法放在一起测试，不过这次还多了余数。classifer 针对两个值的正负符号来对试验进行分类，可以分为四类："--"、"-+"、"+-"和"++"。这有助于隔离那些由符号处理而导致的错误。

```
jsc.claim("div & mul & remainder", function (verdict, a, b) {
    let [quotient, remainder] = big_integer.divrem(a, b);
    return verdict(big_integer.eq(
        a,
        big_integer.add(big_integer.mul(quotient, b), remainder)
    ));
}, [bigint(99), bigint(99)], function classifier(a, b) {
    if (!big_integer.is_zero(b)) {
        return a[0] + b[0];
    }
});
```

我还为一些特定场景写了专门的测试。例如，一个 n 位的全 1 二进制数加 1 的结果应该等同于 2 ** n。

```
jsc.claim("exp & mask", function (verdict, n) {
    return verdict(
        big_integer.eq(
            big_integer.add(big_integer.mask(n), big_integer.wun),
            big_integer.power(big_integer.two, n)
        )
    );
}, [jsc.integer(100)]);
```

再来一个特定场景：(1 << n) - 1 应该等同于 n 位的全 1 二进制数。

```
jsc.claim("mask & shift_up", function (verdict, n) {
    return verdict(big_integer.eq(
        big_integer.sub(
            big_integer.shift_up(big_integer.wun, n),
            big_integer.wun
        ),
        big_integer.mask(n)
    ));
}, [jsc.integer(0, 96)]);
```

我构造了大量如上所述的测试用例。这种类型的测试比简单的 3 + 4 给我的自信心多多了。

23.5 JSCheck

接下来就是揭晓 JSCheck 实现的时刻了，其中最有意思的部分就是用于产生测试数据的制定器。制定器大多是以一种神奇的方式组合起来的，通过 resolve 函数来传递一些值。如果传入 resolve 函数的参数不是函数，那么它会直接返回传入的参数。

```
function resolve(value, ...rest) {
```

resolve 函数接收一个 value。如果该 value 是函数，那么会调用它并返回它的返回值。否则 resolve 函数会直接返回 value。

```
    return (
        typeof value === "function"
        ? value(...rest)
        : value
    );
}
```

还记得我们在第 13 章写的 constant 工厂函数吗？它仅仅对常量做了函数化的转义，我们可以将其传给所有试验。

```
function literal(value) {
    return function () {
        return value;
    };
}
```

boolean 制定器会返回一个产生布尔值的生成器。

```
function boolean(bias = 0.5) {
```

之前说的 signature 数组就可以包含 boolean 制定器。我们可以为该制定器传入一个可选的参数 bias。如果 bias 是 0.25，那么其返回值会有约 25%的概率为 true。

```
    bias = resolve(bias);
    return function () {
        return Math.random() < bias;
    };
}
```

下面是一个 number 制定器。顾名思义，它用于生成一个范围内的数值。

```
function number(from = 1, to = 0) {
    from = Number(resolve(from));
    to = Number(resolve(to));
    if (from > to) {
        [from, to] = [to, from];
```

```
    }
    const difference = to - from;
    return function () {
        return Math.random() * difference + from;
    };
}
```

wun_of 制定器的参数是一个数组，包含值和生成器，返回一个返回数组中随机结果的生成器。wun_of 制定器还有一个可选的权重参数。

```
function wun_of(array, weights) {
```

也就是说，wun_of 生成器有两种用法。

```
//  wun_of(array)
//       返回 array 中的一个元素并进行解析 (resolve)。
//       各元素被选中的概率相等。

//  wun_of(array, weights)
//       两个参数均为数组且长度相等。
//       权重越大的元素被选中的概率越高。

    if (
        !Array.isArray(array)
        || array.length < 1
        || (
            weights !== undefined
            && (!Array.isArray(weights) || array.length !== weights.length)
        )
    ) {
        throw new Error("JSCheck wun_of");
    }
    if (weights === undefined) {
        return function () {
            return resolve(array[Math.floor(Math.random() * array.length)]);
        };
    }
    const total = weights.reduce(function (a, b) {
        return a + b;
    });
    let base = 0;
    const list = weights.map(function (value) {
        base += value;
        return base / total;
    });
    return function () {
        let x = Math.random();
        return resolve(array[list.findIndex(function (element) {
            return element >= x;
        })]);
    };
}
```

sequence 制定器的参数也是一个数组，包含值和生成器，返回一个按顺序依次返回数组内容的生成器。

```
function sequence(seq) {
    seq = resolve(seq);
    if (!Array.isArray(seq)) {
        throw "JSCheck sequence";
    }
    let element_nr = -1;
    return function () {
        element_nr += 1;
        if (element_nr >= seq.length) {
            element_nr = 0;
        }
        return resolve(seq[element_nr]);
    };
}
```

falsy 制定器会返回一个只会生成幻假值的生成器。

```
const bottom = [false, null, undefined, "", 0, NaN];

function falsy() {
    return wun_of(bottom);
}
```

integer 制定器返回一个生成指定范围内整数的生成器。如果不指定范围，则默认返回 1000 以内的质数。

```
const primes = [
    2, 3, 5, 7, 11, 13, 17, 19, 23, 29,
    31, 37, 41, 43, 47, 53, 59, 61, 67, 71,
    73, 79, 83, 89, 97, 101, 103, 107, 109, 113,
    127, 131, 137, 139, 149, 151, 157, 163, 167, 173,
    179, 181, 191, 193, 197, 199, 211, 223, 227, 229,
    233, 239, 241, 251, 257, 263, 269, 271, 277, 281,
    283, 293, 307, 311, 313, 317, 331, 337, 347, 349,
    353, 359, 367, 373, 379, 383, 389, 397, 401, 409,
    419, 421, 431, 433, 439, 443, 449, 457, 461, 463,
    467, 479, 487, 491, 499, 503, 509, 521, 523, 541,
    547, 557, 563, 569, 571, 577, 587, 593, 599, 601,
    607, 613, 617, 619, 631, 641, 643, 647, 653, 659,
    661, 673, 677, 683, 691, 701, 709, 719, 727, 733,
    739, 743, 751, 757, 761, 769, 773, 787, 797, 809,
    811, 821, 823, 827, 829, 839, 853, 857, 859, 863,
    877, 881, 883, 887, 907, 911, 919, 929, 937, 941,
    947, 953, 967, 971, 977, 983, 991, 997
];

function integer_value(value, default_value) {
    value = resolve(value);
```

```
    return (
        typeof value === "number"
        ? Math.floor(value)
        : (
            typeof value === "string"
            ? value.charCodeAt(0)
            : default_value
        )
    );
}

function integer(i, j) {
    if (i === undefined) {
        return wun_of(primes);
    }
    i = integer_value(i, 1);
    if (j === undefined) {
        j = i;
        i = 1;
    } else {
        j = integer_value(j, 1);
    }
    if (i > j) {
        [i, j] = [j, i];
    }
    return function () {
        return Math.floor(Math.random() * (j + 1 - i) + i);
    };
}
```

character 制定器返回一个产生字符的生成器。如果参数是一个或两个整数，那么生成器在产生字符的时候会从该范围对应的代码点[1]中选取结果。[2]如果参数是两个字符串，对应的代码点范围则由两个字符串第一个字符各自所对应的代码点限定。如果参数只有一个字符串，那么会从该字符串中选取字符。如果没有参数，则默认返回随机的 ASCII 字符。

```
function character(i, j) {
    if (i === undefined) {
        return character(32, 126);
    }
    if (typeof i === "string") {
        return (
            j === undefined
            ? wun_of(i.split(""))
            : character(i.codePointAt(0), j.codePointAt(0))
```

① 详见 9.2 节。——译者注

② 下面简单解释一下。对于前面介绍的 integer 函数：如果传入两个整数，则返回二者之间的整数；如果只传入一个整数，则返回 1 和该数之间的随机整数。character 函数里也用到了 integer，所以如果只传入一个整数，范围就是 1 到该数。这些在代码中有所体现。——译者注

```
        );
    }
    const ji = integer(i, j);
    return function () {
        return String.fromCodePoint(ji());
    };
}
```

array 制定器返回一个生成数组的生成器。

```
function array(first, value) {
    if (Array.isArray(first)) {
        return function () {
            return first.map(resolve);
        };
    }
    if (first === undefined) {
        first = integer(4);
    }
    if (value === undefined) {
        value = integer();
    }
    return function () {
        const dimension = resolve(first);
        const result = new Array(dimension).fill(value);
        return (
            typeof value === "function"
            ? result.map(resolve)
            : result
        );
    };
}
```

如果参数是一个包含值和生成器的数组，那么结果是这些值和生成器所产生的值的子集数组。

```
let my_little_array_specifier = jsc.array([
    jsc.integer(),
    jsc.number(100),
    jsc.string(8, jsc.character("A", "Z"))
])

my_little_array_specifier()         // [179,  21.228644298389554, "TJFJPLQA"]
my_little_array_specifier()         // [797,  57.05485427752137,  "CWQDVXWY"]
my_little_array_specifier()         // [941,  91.98980208020657,  "QVMGNVXK"]
my_little_array_specifier()         // [11, 87.07735128700733,  "GXBSVLKJ"]
```

否则，它将产生一个由值组成的数组。你可以传入一个整数以表示数组大小，也可以传入一个返回整数的生成器。此外，还可以传入一个特定的值或者生成器供制定器选择。默认情况下，数组中为一个随机质数。

```
let my_other_little_array_specifier = jsc.array(4);

my_other_little_array_specifier()    // [659, 383, 991, 821]
my_other_little_array_specifier()    // [479, 701, 47, 601]
my_other_little_array_specifier()    // [389, 271, 113, 263]
my_other_little_array_specifier()    // [251, 557, 547, 197]
```

`string` 制定器返回一个返回字符串的生成器。默认情况下，字符串中仅包含 ASCII 字符。

```
function string(...parameters) {
    const length = parameters.length;

    if (length === 0) {
        return string(integer(10), character());
    }
    return function () {
        let pieces = [];
        let parameter_nr = 0;
        let value;
        while (true) {
            value = resolve(parameters[parameter_nr]);
            parameter_nr += 1;
            if (value === undefined) {
                break;
            }
            if (
                Number.isSafeInteger(value)
                && value >= 0
                && parameters[parameter_nr] !== undefined
            ) {
                pieces = pieces.concat(
                    new Array(value).fill(parameters[parameter_nr]).map(resolve)
                );
                parameter_nr += 1;
            } else {
                pieces.push(String(value));
            }

        }
        return pieces.join("");
    };
}
```

它还可以接收一系列值或者生成器，并将结果拼接起来。

```
let my_little_3_letter_word_specifier = jsc.string(
    jsc.sequence(["c", "d", "f"]),
    jsc.sequence(["a", "o", "i", "e"]),
    jsc.sequence(["t", "g", "n", "s", "l"])
)]);

my_little_3_letter_word_specifier() // "cat"
```

```
my_little_3_letter_word_specifier() // "dog"
my_little_3_letter_word_specifier() // "fin"
my_little_3_letter_word_specifier() // "ces"
```

如果参数的排列是一个整数之后跟着一个字符串，则整数会被视为字符串中取值的长度。

```
let my_little_ssn_specifier = jsc.string(
    3, jsc.character("0", "9"),
    "-",
    2, jsc.character("0", "9"),
    "-",
    4, jsc.character("0", "9")
);

my_little_ssn_specifier()            // "231-89-2167"
my_little_ssn_specifier()            // "706-32-0392"
my_little_ssn_specifier()            // "931-89-4315"
my_little_ssn_specifier()            // "636-20-3790"
```

any 制定器返回一个返回各种类型的随机值的生成器。

```
const misc = [
    true, Infinity, -Infinity, falsy(), Math.PI, Math.E, Number.EPSILON
];

function any() {
    return wun_of([integer(), number(), string(), wun_of(misc)]);
}
```

object 制定器返回一个返回对象的生成器。默认情况下，它会产生一个有随机属性名和随机值的小对象。

```
function object(subject, value) {
    if (subject === undefined) {
        subject = integer(1, 4);
    }
    return function () {
        let result = {};
        const keys = resolve(subject);
        if (typeof keys === "number") {
            const text = string();
            const gen = any();
            let i = 0;
            while (i < keys) {
                result[text()] = gen();
                i += 1;
            }
            return result;
        }
        if (value === undefined) {
            if (keys && typeof keys === "object") {
```

```
                Object.keys(subject).forEach(function (key) {
                    result[key] = resolve(keys[key]);
                });
                return result;
            }
        } else {
            const values = resolve(value);
            if (Array.isArray(keys)) {
                keys.forEach(function (key, key_nr) {
                    result[key] = resolve((
                        Array.isArray(values)
                        ? values[key_nr % values.length]
                        : value
                    ), key_nr);
                });
                return result;
            }
        }
    };
}
```

如果传入一个包含键名的数组以及一个值（或者生成器），那么生成的对象会采用数组中的内容作为键名，并将后者作为值。例如，我们可以为其提供一个包含 3 过 6 个键名的数组，每个键名由 4 个小写字符组成，然后指定值为布尔类型。

```
let my_little_constructor = jsc.object(
    jsc.array(
        jsc.integer(3, 6),
        jsc.string(4, jsc.character("a", "z"))
    ),
    jsc.boolean()
);

my_little_constructor()
// {"hiyt": false, "rodf": true, "bfxf": false, "ygat": false, "hwqe": false}
my_little_constructor()
// {"hwbh": true, "ndjt": false, "chsn": true, "fdag": true, "hvme": true}
my_little_constructor()
// {"qedx": false, "uoyp": true, "ewes": true}
my_little_constructor()
// {"igko": true, "txem": true, "yadl": false, "avwz": true}
```

如果传入的参数是对象，那么生成的对象会与之有一样的属性名。

```
let my_little_other_constructor = jsc.object({
    left: jsc.integer(640),
    top: jsc.integer(480),
    color: jsc.wun_of(["black", "white", "red", "blue", "green", "gray"])
});

my_little_other_constructor()    // {"left": 305, "top": 360, "color": "gray"}
```

```
my_little_other_constructor()   // {"left": 162, "top": 366, "color": "blue"}
my_little_other_constructor()   // {"left": 110, "top": 5, "color": "blue"}
my_little_other_constructor()   // {"left": 610, "top": 61, "color": "green"}
```

这样一来，我们就可以通过组合来生成大量测试数据。如果默认提供的这些制定者无法组合出你需要的值，你也可以轻松地自己实现一个。它们都只是返回函数的函数而已。

我们现在来看看 JSCheck 内部是怎么工作的吧。

先要有一个 `crunch` 函数，用于把结果数值处理成报告。

```
const ctp = "{name}: {class}{cases} cases tested, {pass} pass{fail}{lost}\n";

function crunch(detail, cases, serials) {
```

遍历所有用例并收集超时用例，然后产生报告详情和摘要。

```
    let class_fail;
    let class_pass;
    let class_lost;
    let case_nr = 0;
    let lines = "";
    let losses = [];
    let next_case;
    let now_claim;
    let nr_class = 0;
    let nr_fail;
    let nr_lost;
    let nr_pass;
    let report = "";
    let the_case;
    let the_class;
    let total_fail = 0;
    let total_lost = 0;
    let total_pass = 0;

    function generate_line(type, level) {
        if (detail >= level) {
            lines += fulfill(
                " {type} [{serial}] {classification}{args}\n",
                {
                    type,
                    serial: the_case.serial,
                    classification: the_case.classification,
                    args: JSON.stringify(
                        the_case.args
                    ).replace(
                        /^\[/,
                        "("
                    ).replace(
                        /\]$/,
```

```
                    ")"
                )
            }
        );
    }
}

function generate_class(key) {
    if (detail >= 3 || class_fail[key] || class_lost[key]) {
        report += fulfill(
            " {key} pass {pass}{fail}{lost}\n",
            {
                key,
                pass: class_pass[key],
                fail: (
                    class_fail[key]
                    ? " fail " + class_fail[key]
                    : ""
                ),
                lost: (
                    class_lost[key]
                    ? " lost " + class_lost[key]
                    : ""
                )
            }
        );
    }
}

if (cases) {
    while (true) {
        next_case = cases[serials[case_nr]];
        case_nr += 1;
        if (!next_case || (next_case.claim !== now_claim)) {
            if (now_claim) {
                if (detail >= 1) {
                    report += fulfill(
                        ctp,
                        {
                            name: the_case.name,
                            class: (
                                nr_class
                                ? nr_class + " classifications, "
                                : ""
                            ),
                            cases: nr_pass + nr_fail + nr_lost,
                            pass: nr_pass,
                            fail: (
                                nr_fail
                                ? ", " + nr_fail + "fail"
                                : ""
                            ),
```

```
                        lost: (
                            nr_lost
                            ? ", " + nr_lost + "lost"
                            : ""
                        )
                    }
                );
                if (detail >= 2) {
                    Object.keys(
                        class_pass
                    ).sort().forEach(
                        generate_class
                    );
                    report += lines;
                }
            }
            total_fail += nr_fail;
            total_lost += nr_lost;
            total_pass += nr_pass;
        }
        if (!next_case) {
            break;
        }
        nr_class = 0;
        nr_fail = 0;
        nr_lost = 0;
        nr_pass = 0;
        class_pass = {};
        class_fail = {};
        class_lost = {};
        lines = "";
    }
    the_case = next_case;
    now_claim = the_case.claim;
    the_class = the_case.classification;
    if (the_class && typeof class_pass[the_class] !== "number") {
        class_pass[the_class] = 0;
        class_fail[the_class] = 0;
        class_lost[the_class] = 0;
        nr_class += 1;
    }
    if (the_case.pass === true) {
        if (the_class) {
            class_pass[the_class] += 1;
        }
        if (detail >= 4) {
            generate_line("Pass", 4);
        }
        nr_pass += 1;
    } else if (the_case.pass === false) {
        if (the_class) {
            class_fail[the_class] += 1;
```

```
                }
                generate_line("FAIL", 2);
                nr_fail += 1;
            } else {
                if (the_class) {
                    class_lost[the_class] += 1;
                }
                generate_line("LOST", 2);
                losses[nr_lost] = the_case;
                nr_lost += 1;
            }
        }
        report += fulfill(
            "\nTotal pass {pass}{fail}{lost}\n",
            {
                pass: total_pass,
                fail: (
                    total_fail
                    ? ", fail " + total_fail
                    : ""
                ),
                lost: (
                    total_lost
                    ? ", lost " + total_lost
                    : ""
                )
            }
        );
    }
    return {losses, report, summary: {
        pass: total_pass,
        fail: total_fail,
        lost: total_lost,
        total: total_pass + total_fail + total_lost,
        ok: total_lost === 0 && total_fail === 0 && total_pass > 0
    }};
}
```

该模块导出一个返回 jsc 对象的构造函数。jsc 对象是有状态的，因为它收集了即将被测试的 claim。所以每个用户都应该自行构造一个单独的实例。

reject 用于收集被拒绝的试验用例。

```
const reject = Object.freeze({});
```

我们导出 jsc_constructor 函数。check 和 claim 函数都是有状态的，所以它们会在该函数中被创建。我把构造函数冻结起来了，而且非常喜欢这样做。

```
export default Object.freeze(function jsc_constructor() {
    let all_claims = [];
```

check 函数负责做事情。

```
function check(configuration) {
    let the_claims = all_claims;
    all_claims = [];
    let nr_trials = (
        configuration.nr_trials === undefined
        ? 100
        : configuration.nr_trials
    );

    function go(on, report) {
```

调用回调函数。

```
        try {
            return configuration[on](report);
        } catch (ignore) {}
    }
```

check 函数会检查所有 claim，结果会被传入回调函数中。

```
    let cases = {};
    let all_started = false;
    let nr_pending = 0;
    let serials = [];
    let timeout_id;

    function finish() {
        if (timeout_id) {
            clearTimeout(timeout_id);
        }
        const {
            losses,
            summary,
            report
        } = crunch(
            (
                configuration.detail === undefined
                ? 3
                : configuration.detail
            ),
            cases,
            serials
        );
        losses.forEach(function (the_case) {
            go("on_lost", the_case);
        });
        go("on_result", summary);
        go("on_report", report);
        cases = undefined;
    }

    function register(serial, value) {
```

这个函数会被 claim 函数用于注册一个新的用例，也会被该用例用于产生判定结果。不同用途通过序列号（serial）来识别。

如果一个用例对象结束，那么后续的所有超时产出结果都应被忽略。

```
        if (cases) {
            let the_case = cases[serial];
```

如果该序列号从未出现过，那么注册一个新的用例，将其加入用例集合，再将序列号加入序列号集合，并且将等待结果的用例数加 1。

```
            if (the_case === undefined) {
                value.serial = serial;
                cases[serial] = value;
                serials.push(serial);
                nr_pending += 1;
            } else {
```

否则，就意味着现在是一个已存在的用例要获取它的判定结果。如果这个时候已经存在一个预期之外的结果，那么抛出一个异常。每个用例都只能有一个结果。

```
                if (
                    the_case.pass !== undefined
                    || typeof value !== "boolean"
                ) {
                    throw the_case;
                }
```

如果结果是一个布尔类型的值，那么更新用例，然后将其发送给对应的 on_pass 或者 on_fail。

```
                if (value === true) {
                    the_case.pass = true;
                    go("on_pass", the_case);
                } else {
                    the_case.pass = false;
                    go("on_fail", the_case);
                }
```

然后将等待结果的用例数减 1。如果所有的用例都结束且有了结果，那么整个过程就结束了。

```
                nr_pending -= 1;
                if (nr_pending <= 0 && all_started) {
                    finish();
                }
            }
        }
        return value;
    }
    let unique = 0;
```

处理各个 claim 的逻辑。

```
        the_claims.forEach(function (a_claim) {
            let at_most = nr_trials * 10;
            let case_nr = 0;
            let attempt_nr = 0;
```

循环对用例的数据生成和测试。

```
            while (case_nr < nr_trials && attempt_nr < at_most) {
                if (a_claim(register, unique) !== reject) {
                    case_nr += 1;
                    unique += 1;
                }
                attempt_nr += 1;
            }
        });
```

标记“所有用例已都开始”。

```
        all_started = true;
```

如果所有用例都返回了判定结果，那么生成报告。

```
        if (nr_pending <= 0) {
            finish();
```

否则，开始计时。

```
        } else if (configuration.time_limit !== undefined) {
            timeout_id = setTimeout(finish, configuration.time_limit);
        }
    }
```

claim 函数用于各个 claim。当 check 函数被调用时，所有 claim 都会被检查一遍。一个 claim 包含：

- 一个用于展示在报告中的描述性名字；
- 一个用于判定结果的 predicate 函数，如果该函数返回 true 则说明试验正常；
- 一个 signature 函数数组，包含制定器，用于生成 predicate 函数所用的数据；
- 一个可选的 classifier 分类函数，应返回字符串，用于根据 signature 中产生的值对试验进行分类，如果该函数返回 undefined 则说明该试验不属于任何一个分类集合。

```
    function claim(name, predicate, signature, classifier) {
```

下面的函数将被存储到一个名叫“所有 claim”的集合中。

```
        if (!Array.isArray(signature)) {
            signature = [signature];
        }

        function the_claim(register, serial) {
            let args = signature.map(resolve);
            let classification = "";
```

如果有 classifer 函数传入，那么用它来归类。若其结果不是字符串，则拒绝该用例。

```
            if (classifier !== undefined) {
                classification = classifier(...args);
                if (typeof classification !== "string") {
                    return reject;
                }
            }
```

创建一个判定结果的函数，它是对 register 函数的一个分装。

```
            let verdict = function (result) {
                return register(serial, result);
            };
```

将该试验注册成一个对象。

```
            register(serial, {
                args,
                claim: the_claim,
                classification,
                classifier,
                name,
                predicate,
                serial,
                signature,
                verdict
            });
```

然后调用 predicate，往其传入 verdict 函数和所有用例参数。predicate 函数必须通过 verdict 回调函数来传递用例的结果。

```
            return predicate(verdict, ...args);
        }
        all_claims.push(the_claim);
    }
```

最后，将实例构造出来并返回。

```
    return Object.freeze({
```

这是我们先前写的各种制定器：

```
        any,
        array,
        boolean,
        character,
        falsy,
        integer,
        literal,
        number,
        object,
        wun_of,
        sequence,
        string,
```

以及两个主要函数：

```
        check,
        claim
    });
});
```

23.6 ecomcon

如果一个文件有对其他源文件的强依赖，那么我希望将这些相关联的测试放在同一个文件中。确定三个模块能否愉快协作的最好方式就是将它们放在同一个上下文中执行。

我又开发了一个简单的工具，名叫 ecomcon（enable comments conditionally，条件化启用注）。这个工具允许我们将测试和度量以某种标记化注释的形式加入源码。

```
// 标记代码
```

标记（tag）可以为任意单词，如 `test`。后面就可以接一些 JavaScript 代码了。通常情况下，注释就是注释，会被计算机忽略。在一些 JavaScript 源码压缩的场景中，注释会被直接移除。不过 `ecomcon` 函数则可以启用这些注释——它会移除双斜杠（`//`）以及标记单词，留下后面的 JavaScript 代码，这样这些代码就可以被执行了。

我们可以通过其来生成一个特殊的构建产物，该产物可包含运行时检查、日志记录和分析等大量功能。它允许访问那些通常情况下隐藏在函数作用域中的变量，也可以监测流入和流出的值，还可以测试程序的完整性以确保关键资源没有问题。

注释还可以被用作文档，因为它暴露和执行了文件内部一些内容和操作。

```
function ecomcon(source_string, tag_array)
```

`tag_array` 包含可被启用作标记单词的字符串。

ecomcon 函数其实相当简单。

```
const rx_crlf = /
    \n
|
    \r \n?
/;

const rx_ecomcon = /
    ^
    \/ \/
    ( [ a-z A-Z 0-9 _ ]+ )
    \u0020?
    ( .* )
    $
/;

// 捕获组:
//    [1] 启用的标记
//    [2] 该行剩余的内容

const rx_tag = /
    ^
    [ a-z A-Z 0-9 _ ]+
    $
/;

export default Object.freeze(function ecomcon(source_string, tag_array) {
    const tag = Object.create(null);
    tag_array.forEach(
        function (string) {
            if (!rx_tag.test(string)) {
                throw new Error("ecomcon: " + string);
            }
            tag[string] = true;
        }
    );
    return source_string.split(rx_crlf).map(
        function (line) {
            const array = line.match(rx_ecomcon);
            return (
                Array.isArray(array)
                ? (
                    tag[array[1]] === true
                    ? array[2] + "\n"
                    : ""
                )
                : line + "\n"
            );
        }
    ).join("");
});
```

第 24 章

优　　化

●●○○○

思虑不必要之谋常乃性能之万恶之源。

——威廉 · 艾伦 · 沃尔夫

按照现在的标准来看，最初几代计算机的运行速度非常慢。人们经常无法区分一个运算是永远无法获得答案，还是在一定时间内无法获得答案。因此，人们在编程时对性能优化有根深蒂固的痴迷。

如今的设备运行速度已经有了很大提升。看起来性能不再是问题，而且对于大多数应用来说，性能也的确不再是问题。我们拥有超出需求的处理器，其中大多数在很多时间里处于空闲状态——我们正在经历巨大的产能过剩。

不过在有些场景下，设备运行得仍然不够快，有时候是因为问题规模的增长速度远比运算潜力的增长速度快。数据规模仍在不断增长。甚至在 JavaScript 几乎占主导地位的人机交互领域，由于交互规模的不断增长，我们仍然会感觉到很慢。

当程序花太多时间才能做出响应的时候，人们就会变得焦躁，然后沮丧，最后怒火中烧。如果我们想增加用户的满意度、培养用户的忠诚度，就必须让我们的系统反应灵敏。

因此我们仍需要对性能保持关注，但是对性能问题的处理必须恰到好处。因为性能优化很容易变成“负优化”。

人们普遍认为每个小优化都是有益的——毕竟积土成山，积水成渊。实际上，这种认知是错误的。我们应当只优化那些有显著成效的地方。挠痒般的优化简直就是浪费时间。优化的目的是节省时间，所以我们必须优化我们的优化。

24.1　度量指标

计算机编程的正式名称是**计算机科学**（computer science）与**软件工程**（software engineering），听起来很了不起。然而我们现在还无法完全理解这个名称：到底是什么科学，又是什么工程？我们甚至没有理论来解答软件项目管理中至关重要的问题：到底还剩多少 bug，而这些 bug 又要修多久？

软件艺术中有太多指标无法度量了，但性能是可以度量的指标之一。我们可以执行一段程序，然后看看花了多久。这些数字虽然可以帮助我们对自己的系统有更好的了解，却也可以迷惑我们。

一种非常普遍的实践就是比较一门语言的两种特性，做法是将其分别写进循环，然后度量循环时间。哪个循环跑得快，就说明哪个特性的性能好。但这种操作是有问题的。

这种做法的结果可能毫无意义。将两种特性隔离在循环中执行上百万次，到底是在测试两种特性的性能，还是在测试引擎对这些特性的优化程度呢？这个结果可移植吗？其他引擎是否会给出一样的结果？更重要的是，以后的结果会变吗？

所以这个结果可能无关紧要。在实际程序的上下文中，两种特性表现出来的差异可能并没有那么大。所以，根据这些没有意义的度量结果做决策很可能是在浪费时间。

与其花时间在这上面，不如选择能提高程序可读性和可维护性的特性。如果选择的特性虽然快但是不好用，就不能带来任何帮助。

24.2　温故而知新

常言道，**凡事三思而后行**。然而在实际情况中，大家经常“一思”后就行动。充足的准备可以减少错误发生，从而节约时间和物资。这种投资非常值得。

在编程界，我们可以换个说法：**一思而后行，温故而知新**。在做优化之前，应该测试一下待优化代码的性能，以此来证明它是拖慢整个程序的“元凶”，顺便建立性能基线。如果此处并不是性能瓶颈，那么再换一处。在确定要优化之后，我们需要悉心优化，行如工匠。优化结束后，再测试一遍。如果新代码并没有在性能上取得长足的进步，就要抛弃这次优化。因为它并没有给我们带来预期的性能增长，所以没有必要为失败品浪费时间。

大多数优化为代码添加了额外的分支路径，牺牲了代码的通用性。这种行为增大了代码体积，牺牲了可维护性和可充分测试性。除非有显著的性能提升，否则这种牺牲并不值得。**要是没有亮**

眼的性能，这种修改就是 bug。它牺牲了代码质量，却没得到相应的补偿。简洁的代码易于理解和维护，没有特殊理由就不应该牺牲代码的简洁性。

现在的代码几乎都不存在性能问题。在非性能瓶颈处优化代码就是在浪费生命。

24.3 性能元凶

对代码盲目优化很难有成效，因为很多人不知道效率低下的根本原因。下面才是一些典型的低性能“元凶”。

- **无法并行化：**Parseq 让我们可以利用其固有的并行性，从而使代码运行更快。反之，如果让所有的流程顺序执行，就相当于丢弃了一些性能。在这一点上，并行优于顺序执行。
- **违反回合法则：**当我们阻塞一个循环时，就意味着顺延了该循环之后的所有回合，也意味着延后了后续队列中逻辑运行完成的时机。这种延时的积累会让我们的队列最终无法变空。
- **低内聚性：**如果我们的模块没有高内聚性，很可能是因为它正在做我们不需要的逻辑。不必要的逻辑会拖慢程序。
- **高耦合性：**模块如果高度耦合，就损失了各自的局部性。这样一来，每个程序逻辑都可能会增加一些握手协议的网络延迟。
- **错误算法：**当数据量很大的时候，一个随手写的 $O(n \log n)$[①]算法可以轻易胜过一个经过万般优化的 $O(n^2)$算法；而数据量小的时候，两者并没有太大的差别。
- **缓存抖动：**这是一个曾经出现在虚拟内存系统中的问题，现在也经常在 Web 缓存中出现。各种垃圾信息被缓存下来，导致很多真正有用的信息在复用之前就被冲刷掉了。
- **代码膨胀：**当代码膨胀时，我们就不太可能对它了如指掌——它实际做的事可能比我们看到的多得多。不要把注意力放在执行速度上，要放在代码量上。
- **第三方代码：**我们的代码可能依赖各种第三方包、库、系统、服务、操作系统，等等。虽然不知道你的代码具体依赖什么，但我敢打包票你优化自己的代码并不能让它们的代码跑得更快。即使你的代码本身已被优化到几乎不用花时间运行，大多数用户也不一定能感觉到差异。

24.4 语言

对性能优化的最好投资可能是在语言引擎层面上。在语言层面所做的优化能惠及这门语言的所有用户，从而让我们更专注于代码质量。语言已经让程序性能不再是瓶颈了。

---

① 从研究算法的角度来说，log 的底数并不重要。因此，这里不标注底数。——编者注

第一个 JavaScript 引擎只是上市时间比较讨巧。实际上它的执行速度并不快，所以坊间对其的评价是：它只是一门玩具语言。

即便如此，对于大多数 Web 应用来说，JavaScript 的运行速度还在可容忍的范围之内。浏览器中的大多数性能问题是由滥用网络请求造成的——网络资源是顺序加载，而不是在管道中加载的。Web 应用内还有一个低性能“元凶”，那就是效率极低的 DOM API。DOM 并非 JavaScript 的一部分，JavaScript 却成了 DOM 低效的替罪羊。与 DOM 一样糟糕的是，大多数 Web 应用会被充分运行，而 JavaScript 还真不是拖慢性能的主要因素。

后来，JavaScript 引擎变快了，但是也变复杂了。所有简单的优化都已完成，代价就是事情变得越来越复杂。有一些优化无疑可以大幅提高运行时速度，但牺牲的却是程序的启动速度。启动慢同样会让人焦躁、沮丧、怒火中烧。

所以开发者经常玩一个复杂的“游戏”——先写一段性能很差的代码，再根据程序行为进行优化。久而久之，开发者变成了这个游戏的高手，但这个游戏依旧很难。他们无法提速所有事物，这也就逐渐变成了一个博彩游戏。他们开始优化那些发声最多的开发者们认为可以提供长足性能进步的点。

语言的复杂度也会对游戏难度造成影响，让游戏刷新出的“怪兽”只增不减。复杂度突破天际之日，游戏终将结束。只有足够简洁、常规的语言才易于优化。

我还要介绍一个“恶臭”的反馈循环。开发者发现引擎的一些特性的确可以让程序更快，然后就开始重度使用。这就建立了一个“发现–使用”机制。在这种机制的循环下，人们不断对优化进行投资，然而优化的方向却不一定正确。

第25章

转　　译

●●○○●

吾非天选之子。

——尼奥（Neo），《黑客帝国》

JavaScript发挥着一个日益重要的作用，那就是编译目标（compilation target）。**转译**（transpile）是一种特殊的编译（compile），它将一种编程语言转换为另一种编程语言，而这“另一种编程语言”通常是JavaScript。因为JavaScript有通用性和稳定性，大家都将其视为一种可移植格式。JavaScript已经成了Web的虚拟机。我们过去一直认为Java的JVM会成为Web的虚拟机，然而事实并非如此。严格来讲，JavaScript的可移植性的确更好，而且它的分词速度和解析为最小化代码的速度足够快。

用于转译成JavaScript的语言可以是JavaScript的一门方言，也可以是另一门已存在的语言，还可以是一门专为转译而造的新语言。

有不少理由支撑我们构建转译器。

- **实验**：转译器是构造与测试实验语言和特性的理想载体。我们可以利用JavaScript来进行测试，省时又省力。
- **特定化**：转译器可用于实现专注于某种特定场景的小型语言。这类语言可以减轻某些特定任务的重复编码量。
- **兼容旧版**：转译器让人们敢于继续投资那些由于不够流行而并未沐浴在JavaScript阳光下的语言。一旦这些语言可被转译为JavaScript，就意味着用它们编写的老程序可以运行在任何地方了。这相当于你不必了解JavaScript就可以使用JavaScript。（不过不了解自己正在做的事并不是一件好事。）
- **时髦**：开发者总是痴迷于各种时髦事物。转译让用各种花哨语法写程序成为可能。

- **先行**：语言的新特性从标准化到实现、再到被普遍使用的时间是不确定的。不过通过将其转译为当前 JavaScript 版本使用的写法，我们就可以马上体验到 JavaScript 的新特性了。其实这些新特性通常只是时髦，并不重要。但人们往往对这些时髦的功能急不可耐。
- **安全**：JavaScript 有很多固有的安全问题。转译器可以删除不安全的特性，同时添加一些运行时检查来引导和控制潜在的恶意代码，从而减轻这些安全问题。
- **性能**：ASM.js 和 Web Assembly 等的开发是在尝试通过删除 JavaScript 的精粹来获得性能上的优势。

永远不要在生产环境使用转译器。我喜欢转译器在教育和科研中的用途，但是对于时髦短视的让步和过去式思维可能会在未来几年造成重大的后果。我的建议是用 JavaScript 来编写精巧的程序。

25.1　Neo

Neo 是一门转译语言。在后面的几章中，我会以如下顺序来介绍 Neo 的实现：分词、解析、代码生成和运行时。

Neo 是一门用于教学的语言，旨在通过删除 JavaScript 旧范式中根深蒂固的一些特性来更正其在语言设计中犯下的巨大错误，从而帮助其过渡到下一门语言。这门语言最明显的特点就是不再使用 C 语言的语法。这是因为如果我们故步自封、深陷于 20 世纪 70 年代的编程思维，就无法突破局限、展望未来。

尽管 Neo 与 JavaScript 很像，二者还是有很大的差异。有些差异无关紧要，而有些差异却使得它们大相径庭。在 Neo 方面，差异表现如下。

- 没有保留字。
- 命名可存在空格，可以以问号（`?`）结尾。
- 注释以井号（`#`）打头，以 EOL 结束。
- 通过使用有意义的空白字符，Neo 可以免去分号。长语句可以在左圆括号（`(`）、左方括号（`[`）、左花括号（`{`）和荷兰盾符号（`ƒ`）[1]之后换行。
- Neo 的优先级更少。运算符的优先级可以减少对圆括号的需求。如果优先级太多，就太难记了，也很容易出问题。下面展示了 Neo 的优先级，从低到高：

---

① ƒ 是荷兰盾（Dutch gulden）的表示符号，也被称为弗罗林（florin）符号。弗罗林也是一种货币，与荷兰盾有一定渊源。——译者注

(0) ? !（三目运算）、| |（默认值运算）
(1) /\（逻辑与）、\/（逻辑或）
(2) =（等于）、≠（不等于）、<（小于）、>（大于）、≤（小于等于）、≥（大于等于）
(3) ~（拼接）、≈（以空格拼接）
(4) +（加）、-（减）、<<（取最小值）、>>（取最大值）
(5) *（乘）、/（除）
(6) .（获取）、[ ]（下标）、( )（调用）

- 将 `null`、`undefined` 和 `NaN` 统一成了一个对象 `null`，这就消除了到底何时要用哪个的困扰。`null` 是一个不可变的空对象。从 `null` 获取属性并不会导致失败，只会得到另一个 `null`，所以路径表达式始终是可用的。但是修改和调用 `null` 还是会失败。
- 前缀运算符被单参函数取代。表面上的区别就是，根据运算符的不同，这个函数的括号是可选的。因为函数更加灵活，所以我们可以只用函数来防止混淆。我保留了其他运算符。如果把所有运算符都换成函数，那么很有可能意外得到一门新的 LISP——虽然这看起来并不是坏事。
- Neo 只有一种数值类型：高精度小数。也就是说 Neo 的小数是精确的。所有 JavaScript 可以精确表示的数值都包含在内。正因为数值很大，所以我们就用不着 `MIN_VALUE`、`EPSILON`、`MAX_SAFE_INTEGER`、`MAX_VALUE` 和 `Infinity` 了。

```
0.1 + 0.2 = 0.3 # 最终结果为 true
```

- 字符的序列被称为**文本**（text）。
- Neo 有一种名为**记录**（record）的数据类型，统一了 JavaScript 的对象和 `WeakMap`。这样一来，这门语言中的所有数据类型就都可被称为**对象**了。记录没有继承一说，它只是**字段**的容器。字段的**键名**可以是文本、记录或者数组；**键值**可以是除 `null` 之外的任意值。将字段赋值为 `null` 意味着删除该字段。
- 数组可被写成字面量的形式，也可以由 `array(`*`dimension`*`)` 函数生成。该函数指定了被生成数组的长度，并将里面的所有元素初始化成 `null`。下标是小于 *`dimension`* 的非负整数。访问超过该范围的下标会导致失败。数组还可以通过一种特殊形式的 `let` 来将数组长度加 `1`。

```
def my little array: array(10)
let my little array[10]: 666    # 失败
let my little array[]: 555

my little array[0]              # null
my little array[10]             # 555
length(my little array)         # 11
```

- Object.freeze 函数被 stone 函数取代，来进行深层次的冻结。因为冻结（freeze）这个词会给人一种错觉，就是被冻结的对象还有解冻的可能；而石化（stone）就没有这个问题。
- 三目运算符使用?和!。条件语句的结果必须为布尔类型。

```
call (
    my hero = "monster"
    ? blood curdling scream
    ! (
        my hero = "butterfly" \/ my hero = "unicorn"
        ? do not make a sound
        ! sing like a rainbow
    )
)()
```

- 在短路逻辑运算符中，/\代表与，\/代表或。not 是一个单参函数，代表逻辑非。如果/\、\/和 not 被传入了非布尔类型的值，就会导致运算失败。
- 有一些单参算术函数：abs、fraction、integer 和 neg。它们都是单参函数，而不是运算符。要注意的是，负数中的-只在数值字面量中有效。
- +运算符表示算术加法，而不是拼接。其他算术运算符有：-表示减法，*表示乘法，/表示除法，>>表示取最大值，<<表示取最小值。
- ~运算符表示拼接。≈则是带空格的拼接。

```
"Hello" ~ "World"    # "HelloWorld"
"Hello" ≈ "World"    # "Hello World"
"Hello" ≈ ""         # "Hello"
"Hello" ≈ null       # null
```

  在拼接前，该运算符会将两个运算值强制转换成文本。

- 位运算函数对任意大小的整数都可用：bit mask、bit shift up、bit shift down、bit and、bit or 和 bit xor。
- typeof 运算符被几个断言函数取代：array?、boolean?、function?、number?、record?和 text?。
- Number.isInteger 和 Number.isSafeInteger 这两个函数被 integer?函数取代。
- Object.isFrozen 函数被 stone?函数取代。
- char 函数接收一个参数表示代码点，返回一个文本。
- code 函数接收一个文本，返回该文本第一个字符的代码点。
- length 函数可接收任意数组或者文本作为参数，返回内含元素或者字符的数量。
- array 函数用于创建数组，创建逻辑与传入的参数相关。

- 如果参数是非负整数，则该参数表示被创建数组的长度。如果还有第二个参数传入，则：
  - 若第二个参数是 `null`，那么数组中的所有元素会被初始化成 `null`；
  - 若第二个参数是函数，那么数组中的所有元素都会通过调用该函数来初始化；
  - 对于其余情况，第二个参数即为所有元素的初始值。
- 如果参数是数组，则 `array` 函数会返回该数组的一个浅副本。此外，还可以传入副本的起始位置和终止位置。
- 如果参数是记录，那么被创建数组中的元素依次为该记录的各文本键名。
- 如果参数是文本且有第二个参数，则第二个参数会将第一个文本参数切割成子文本并打散到被创建的数组中。

- `number` 函数接收文本作为参数，返回一个数值。它还可以有一个可选参数来表示进制数。
- `record` 函数会创建记录。创建记录的逻辑与传入的参数相关。
  - 如果参数是数组，那么数组中的元素会依次变为被创建记录的键名。各字段的键值取决于另一个参数：
    - 若第二个参数为 `null`，那么所有键值会被初始化成 `true`，相当于一个**集合**（set）；
    - 若第二个参数是数组，那么所有键值依次为数组中的各元素，该数组的长度应与第一个数组保持一致；
    - 若第二个参数是函数，则该函数会被用于生成各键值；
    - 对于其余情况，第二个参数即为所有键值的初始值。
  - 如果参数是记录，则 `record` 函数会返回该记录的一个浅副本，不过只会复制那些键名为文本的字段。此外，若还传了一个数组，则只有与该数组中的键名对应的字段才会被复制。
  - 如果参数是 `null`，则创建一个空记录。
- `text` 函数会创建文本。创建文本的逻辑与传入的参数相关。
  - 如果参数是数值，则将其转换为文本。它还可以有一个可选参数来表示进制数。
  - 如果参数是数组，则将数组的所有元素拼接起来组成一个文本，第二个可选参数代表拼接字符。
  - 如果参数是文本，则再传入两个参数，用于指定子文本。然而不幸的是，这些参数指定了代码单元。理想情况下，文本的本质应该是 UTF-32，不过我们只能等下一门语言来实现它了。

- 函数对象是通过 ƒ（荷兰盾符号）创建的，有两种写法。

```
ƒ parameter list (expression)

ƒ parameter list {
    function body
}
```

- 参数列表（parameter list）是一系列以 ,（逗号）分隔的参数名，参数名后面可以跟默认值以及 ...。函数是匿名的，如需命名，则要使用 def 语句。另外，函数对象是不可变的。
- 函数对象第一种写法中的表达式（expression）的结果为函数的返回值；而第二种写法中的函数体（function body）则必须显式地返回一个值。
- 默认值运算符的写法是 |expression|，它应紧跟在参数或者表达式后面。若对应的参数或者表达式为 null，那么它的值就会被替换为双竖线之间的表达式对应的值。这也算是一种短路运算。
- ...（三点省略号）的行为与 JavaScript 的省略号类似。只不过在 JavaScript 中，它总是在数组项之前；而在 Neo 中，它跟在数组项之后。

```
def continuize: ƒ any (
    ƒ callback, arguments... (callback(any(arguments...)))
)
```

- 在运算符前面加上 ƒ（荷兰盾符号）前缀，就得到了一个函数[①]。这种写法让运算符也能成为普通函数。也就是说 ƒ+ 创建了一个二元加法函数，可以被传递给 reduce 函数进行加法运算。ƒ+(3, 4) 的返回结果就是 7。

```
ƒ/\ (与)      ƒ\/ (或)           ƒ= (相等)    ƒ≠ (不相等)          ƒ< (小于)    ƒ≥ (大于等于)
ƒ> (大于)     ƒ≤ (小于等于)       ƒ~ (拼接)    ƒ≈ (以空格拼接)       ƒ+ (相加)    ƒ- (相减)
ƒ>> (取最大值)                    ƒ<< (取最小值)                    ƒ* (乘法)    ƒ/ (除法)
ƒ[] (获取)    ƒ() (解析)          ƒ?! (三目)                        ƒ|| (取默认值)
```

- 函数可以以方法的形式被调用，例如：

```
my little function.method(x, y)
```

与

```
my little function("method", [x, y])
```

等效。这种精简的机制可以将函数作为记录的代理进行使用。

① 原文是 functino，作者故意将 function（函数）最后的 n 和 o 调换了位置来表示它与函数不同，但又有很大的关系。函数一词源于中国清朝数学家李善兰翻译的“凡此变数中函彼变数者，则此为彼之函数”；而此处译作函薮（“薮”指聚集地），意为“凡此变数中函彼变数及演算符之薮者，则此为彼之函薮”。——译者注

- def 语句取代了 const 语句。
- var 语句用于声明变量。
- let 语句可以更改变量的值，也可以更改记录的字段，还可以更改数组中的元素。Neo 里没有赋值运算符，所有变异都只能在 let 语句中进行。虽然我无法完全消除赋值运算，但可以极大程度地“封印”它。

```
def pi: 3.14159265358979323846264338327950288419716939937510582097494459
var counter: 0
let counter: counter + 1
```

- Neo 语言没有“块”，所以也没有代码块作用域。在 Neo 中只有函数作用域。
- call 语句用于调用函数，且忽略其返回值。

```
call my little impure side effect causer()
```

- Neo 语言也有 if 和 else。但它没有 switch 语句，取而代之的是 else if。若条件表达式的结果不是布尔类型，就会失败。Neo 语言并没有所谓的幻真值和幻假值。

```
if my hero = "monster"
    call blood curdling scream()
else if my hero = "butterfly" \/ my hero = "unicorn"
    call do not make a sound()
else
    call sing like a rainbow()
```

- loop 语句取代了 JavaScript 中的 do、for 和 while 语句。我很想阻止大家使用循环。loop 是一个简单的无限循环，只有 break 或者 return 才能结束它。循环不能有标签，但可以嵌套。此外，循环中不能声明新函数。
- 异常（exception）被失败（failure）取代。Neo 语言中没有 try，我们可以为函数提供一个“失败处理器:。

```
def my little function: ƒ x the unknown {
    return risky operation(x the unknown)
failure
    call launch all missiles()
    return null
}
```

- fail 语句会发出失败信息。该语句无法附带任何异常对象或者其他信息。如果需要传递失败信息，请在失败之前以其他方式记录你需要的信息。
- 一个模块可以有多个 import 语句。

```
import name: text literal
```

- 一个模块只能有一个 export 语句。

```
export expression
```

25.2 举个例子

下面介绍 Neo 的 reduce reverse 函数。它是一个反向 reduce 函数，允许提前退出。它接收三个参数：array、callback function 和 initial value；其中 callback function 需要四个参数，分别代表归约到现在为止的结果值、当前数组元素、当前数组元素下标和一个退出函数。如果 callback function 想提前退出整个归约，那么它只需要用我们的最终结果去调用 exit function 函数并返回该函数的返回值即可。

```
def reduce reverse: ƒ array, callback function, initial value {

# 将数组归约为单个值。

# 若未传入初始值，则数组中的第 0 个值会被当作初始值使用，
# 且跳过第一次迭代。

    var element nr: length(array)
    var reduction: initial value
    if reduction = null
        let element nr: element nr - 1
        let reduction: array[element nr]

# 给 callback 函数一个 exit 函数，
# 可调用它来终止 reduce 循环。

    def exit: ƒ final value {
        let element nr: 0
        return final value
    }

# 循环至数组结束或者 exit 函数被调用。
# 在每次迭代时，都用当次对应的值来调用 callback 函数。

    loop
        let element nr: element nr - 1
        if element nr < 0
            break
        let reduction: callback function(
            reduction
            array[element nr]
            element nr
            exit
        )
    return reduction
}
```

25.3 下一门语言

Neo 并不是下一门语言。它缺失了很多重要的东西，甚至不是一门完整的语言。不过这不是什么严重的问题，我们知道，往一门语言中添东加西再简单不过了。

Neo 没有对 JSON 的支持。已经 21 世纪了，所有正规语言都应该有内置的 JSON 编解码功能。

Neo 没有某些形式的文本匹配功能。JavaScript 是通过正则表达式来达成该目标的。下一门语言应该可以在少量隐性标记中使用与上下文无关的语言。

下一门语言应该对统一码有更好的支持。例如，它应该有某种形式的 `split`，可以识别一些组合字符，从而将文本分割成字形（glyph）[①]。

下一门语言应该使用 UTF-32 作为字符的内部表现形式。这看起来挺奢侈的。但我还记得在内存的度量单位还是千字节的时候，一个字符占 8 位也被认为太奢侈了。如今的内存可是以十亿字节来度量的，哪怕 UTF-32 对它来说也是小菜一碟。使用 UTF-32 的好处是，正确的国际化程序编写起来会更容易，因为它消除了代码单元和代码点之间的差异。

下一门语言应该有对二进制大对象（binary large object，BLOB）的直接支持。毕竟，一些数据虽然体量大且杂乱无章，但还是想让自己表现得体面一些。

下一门语言应该对事件化编程有更好的支持，如更好的处理循环、消息分发和顺序传递机制。

下一门语言应该对安全网络有更好的支持。

下一门语言应该对进程管理有更好的支持，包括启动、通信和销毁。进程间应该可以建立“自杀契约”。如果一个进程失败了，那么契约中的进程应当全部失败，从而有机会将其以全新的状态重启。

下一门语言应该支持纯函数的并行处理。虽然 CPU 速度并没有变快多少，但它的数量变多了！最终，最大的性能提升将来自于并行计算。

Neo 并不是下一门语言，但可以让我们做好心理准备，不再惧怕下一代范式的到来。下一章将介绍如何构建 Neo。

---

① 字形表示字符在呈现或显示时可以具有的形状。单个字形可能对应于单个字符或多个字符，单个字符也可能产生多个字形。——译者注

第 26 章

分　　词

●●○●○

莫使人为机器之事。

——特工史密斯，《黑客帝国》

处理程序的第一步就是将其打散成一系列词（token）。词是由字符序列组成的，用于代表源码中有意义的特征，如名字（name）、标点（punctuator）、数值字面量（number literal）或者文本字面量（text literal）等。我们为程序中的每个词创建一个词对象（token object）。

首先通过正则表达式将源文本打散成行，再将行打散成词。

```
const rx_unicode_escapement = /
    \\ u \{ ( [ 0-9 A-F ]{4,6} ) \}
/g;
```

`rx_crfl` 用于匹配换行符（LF）、回车（CR）以及回车换行符（CRLF）。唉，我们现在还在为 20 世纪机电电传打字机造成的混乱偿还技术债。

```
const rx_crlf = /
    \n
|
    \r \n?
/;
```

`rx_token` 用于匹配 Neo 中的以下几种词：注释、名字、数、字符串和标点。

```
const rx_token = /
    ( \u0020+ )
|
    ( # .* )
|
    (
        [ a-z A-Z ]
```

```
        (?:
            \u0020 [ a-z A-Z ]
        |
            [ 0-9 a-z A-Z ]
        )*
        \??
    )
|
    (
        -? \d+
        (?: \. \d+ )?
        (?: e \-? \d+ )?
    )
|
    (
        "
        (?:
            [^ " \\ ]
        |
            \\
            (?:
                [ n r " \\ ]
            |
                u \{ [ 0-9 A-F ]{4,6} \}
            )
        )*
        "
    )
|
    (
        \. (?: \. \.)?
    |
        \/ \\?
    |
        \\ \/?
    |
        > >?
    |
        < <?
    |
        \[ \]?
    |
        \{ \}?
    |
        [ ( ) } \] . , : ? ! ; ~ ≈ = ≠ ≤ ≥ & | + \- * % ƒ $ @ \^ _ ' ` ]
    )
/y;

//  捕获组:
//      [1]  空白
//      [2]  注释
//      [3]  字母数字混编
```

```
//        [4]  数值
//        [5]  字符串
//        [6]  标点
```

然后导出一个分词器工厂。

```
export default Object.freeze(function tokenize(source, comment = false) {
```

tokenize 接收源文本，对其进行分词，并返回一个包含词对象的数组。如果 source 并不是数组，那么先根据 CR 和 LF 将其打散成行。如果 comment 为 true，那么返回的词对象还要包含注释。虽然我们的解释器并不关心注释，但是一些软件工具可能会需要。

```
    const lines = (
        Array.isArray(source)
        ? source
        : source.split(rx_crlf)
    );
    let line_nr = 0;
    let line = lines[0];
    rx_token.lastIndex = 0;
```

工厂函数返回的是一个生成器，会将行打散成词对象。每个词对象都包含其对应的 id、坐标和一些其他信息。空白并不会被分词。

生成器每被调用一次，都会得到下一个词。

```
    return function token_generator() {
        if (line === undefined) {
            return;
        }
        let column_nr = rx_token.lastIndex;
        if (column_nr >= line.length) {
            rx_token.lastIndex = 0;
            line_nr += 1;
            line = lines[line_nr];
            return (
                line === undefined
                ? undefined
                : token_generator()
            );
        }
        let captives = rx_token.exec(line);
```

如果没有匹配到任何内容，则：

```
        if (!captives) {
            return {
                id: "(error)",
                line_nr,
```

```
            column_nr,
            string: line.slice(column_nr)
        };
    }
```

如果匹配到空白，则：

```
    if (captives[1]) {
        return token_generator();
    }
```

如果匹配到注释，则：

```
    if (captives[2]) {
        return (
            comment
            ? {
                id: "(comment)",
                comment: captives[2],
                line_nr,
                column_nr,
                column_to: rx_token.lastIndex
            }
            : token_generator()
        );
    }
```

如果匹配到名字，则：

```
    if (captives[3]) {
        return {
            id: captives[3],
            alphameric: true,
            line_nr,
            column_nr,
            column_to: rx_token.lastIndex
        };
    }
```

如果匹配到数值字面量，则：

```
    if (captives[4]) {
        return {
            id: "(number)",
            readonly: true,
            number: big_float.normalize(big_float.make(captives[4])),
            text: captives[4],
            line_nr,
            column_nr,
            column_to: rx_token.lastIndex
        };
    }
```

如果匹配到文本字面量，则：

```
        if (captives[5]) {
```

我们通过`.replace`将`\u{xxxxxx}`转换为代码点，并通过`JSON.parse`处理剩下的转义，然后移除引号。

```
            return {
                id: "(text)",
                readonly: true,
                text: JSON.parse(captives[5].replace(
                    rx_unicode_escapement,
                    function (ignore, code) {
                        return String.fromCodePoint(parseInt(code, 16));
                    }
                )),
                line_nr,
                column_nr,
                column_to: rx_token.lastIndex
            };
        }
```

如果匹配到标点，则：

```
        if (captives[6]) {
            return {
                id: captives[6],
                line_nr,
                column_nr,
                column_to: rx_token.lastIndex
            };
        }
    };
});
```

第 27 章

解　　析

●●○●●

或以为，无一编程语言可状汝之盛事。然吾为新种，信先人状其世以悲与痛。

——特工史密斯，《黑客帝国》

在解析的时候，需要将词对象流处理成一棵树。同时，我们还会寻找源文本中的错误。词对象会被赋予新的属性，其中最重要的是 zeroth、wunth 和 twoth。正是这些属性为词对象流赋予了树的结构。例如，加法的两个操作数会被赋给+词对象的 zeroth 和 wunth 两个属性；又例如，if 词对象会把它的条件表达式放置于自身的 zeroth 属性中，将 then 子语句放置于 wunth 属性中，并将 else 子语句放置于 twoth 属性中。除此之外，还有其他一些属性，后面会慢慢道来。

我们通过 error 函数报告错误。有错误发生时，通常可以先把错误保存到一个列表中，然后继续解析。但我还是想在发生错误时立刻停止解析。处于开发模式的时候，我想让编辑器光标移动到下一个错误；而处于构建模式的时候，我只想知道通过与否、错在哪儿，而并不想要错误列表。

```
let the_error;

function error(zeroth, wunth) {
    the_error = {
        id: "(error)",
        zeroth,
        wunth
    };
    throw "fail";
}
```

下面的 primordial 对象包含语言中内置的对象，如 true 之类的常量和 neg 之类的函数。primordial 对象由 Object.create(null)创建，因为我不想它被原型链污染。Object.prototype

会包含一些诸如 valueOf 的方法，一旦从它这里继承，那么语言中就可能会莫名其妙地多出一个 valueOf。

```
const primordial = (function (ids) {
    const result = Object.create(null);
    ids.forEach(function (id) {
        result[id] = Object.freeze({
            id,
            alphameric: true,
            readonly: true
        });
    });
    return Object.freeze(result);
}([
    "abs", "array", "array?", "bit and", "bit mask", "bit or", "bit shift down",
    "bit shift up", "bit xor", "boolean?", "char", "code", "false", "fraction",
    "function?", "integer", "integer?", "length", "neg", "not", "number",
    "number?", "null", "record", "record?", "stone", "stone?", "text", "text?",
    "true"
]));
```

readonly 属性可以屏蔽 let 语句。

在我们沿词对象流向前推进的时候，有三个词处于可直接获取的状态。

我们的生成器函数提供了词对象流。这三个可直接获取的词分别是 prev_token、token 和 next_token。advance 函数用生成器来循环遍历所有的词对象，并跳过注释词。

```
let the_token_generator;
let prev_token;
let token;
let next_token;

let now_function;        // 当前正在处理的函数。
let loop;                // 循环退出状态的数组。

const the_end = Object.freeze({
    id: "(end)",
    precedence: 0,
    column_nr: 0,
    column_to: 0,
    line_nr: 0
});
```

advance 函数会向前推进到下一个词。它有个名叫 prelude 的伴生函数，会将当前词分割成两个词。

```
function advance(id) {
```

用词生成器来推进到下一个词。如果提供了 id，则需要确保当前词与之匹配。

```
    if (id !== undefined && id !== token.id) {
        return error(token, "expected '" + id + "'");
    }
    prev_token = token;
    token = next_token;
    next_token = the_token_generator() || the_end;
}

function prelude() {
```

如果词中包含空格，则将空格前的内容赋给 prev_token；否则继续推进。

```
    if (token.alphameric) {
        let space_at = token.id.indexOf(" ");
        if (space_at > 0) {
            prev_token = {
                id: token.id.slice(0, space_at),
                alphameric: true,
                line_nr: token.line_nr,
                column_nr: token.column_nr,
                column_to: token.column_nr + space_at
            };
            token.id = token.id.slice(space_at + 1);
            token.column_nr = token.column_nr + space_at + 1;
            return;
        }
    }
    return advance();
}
```

这门语言的空白是有意义的。断行标志着语句或者元素的结束，缩进则标志着子语句的结束。下面这些函数可以很方便地管理这些空白。

```
let indentation;

function indent() {
    indentation += 4;
}

function outdent() {
    indentation -= 4;
}

function at_indentation() {
    if (token.column_nr !== indentation) {
        return error(token, "expected at " + indentation);
    }
}
```

```
function is_line_break() {
    return token.line_nr !== prev_token.line_nr;
}

function same_line() {
    if (is_line_break()) {
        return error(token, "unexpected linebreak");
    }
}

function line_check(open) {
    return (
        open
        ? at_indentation()
        : same_line()
    );
}
```

register 函数用于在函数作用域中声明一个新变量。lookup 函数则用于查找离当前作用域最近的匹配变量。

```
function register(the_token, readonly = false) {
```

将一个变量添加到当前作用域中。

```
    if (now_function.scope[the_token.id] !== undefined) {
        error(the_token, "already defined");
    }
    the_token.readonly = readonly;
    the_token.origin = now_function;
    now_function.scope[the_token.id] = the_token;
}

function lookup(id) {
```

在当前作用域中查找定义。

```
    let definition = now_function.scope[id];
```

如果查找失败，则尝试从父作用域开始逐级向上查找。

```
    if (definition === undefined) {
        let parent = now_function.parent;
        while (parent !== undefined) {
            definition = parent.scope[id];
            if (definition !== undefined) {
                break;
            }
            parent = parent.parent;
        }
```

如果还是失败，则在 primordial 中查找。

```
        if (definition === undefined) {
            definition = primordial[id];
        }
```

要记住，是当前函数使用了这个定义。

```
        if (definition !== undefined) {
            now_function.scope[id] = definition;
        }
    }
    return definition;
}
```

变量的 origin 属性用于记录创建了该变量的函数。函数的 scope 属性用于记录该函数中所有被创建的和使用的变量，而函数的 parent 属性则记录了创建该函数的函数。

有三个对象包含了用于解析语言特征（语句、前缀和后缀）的函数。

这三个对象分别为 parse_statement、parse_prefix 和 parse_suffix，它们包含的函数用于做一些专有的解析。这里我也用 Object.create(null)来创建对象，因为还是不想让 Object.prototype 来打扰我的好心情。

```
const parse_statement = Object.create(null);
const parse_prefix = Object.create(null);
const parse_suffix = Object.create(null);
```

下面的 expression 函数及其帮助函数 argument_expression 是整个解析器的灵魂。表达式会被视为有两部分：左体和可选的右体。左体可以是一个字面量、变量或者前缀；右体则是一个后缀运算符，用于连接另一个表达式。如果右体存在后缀且优先级更高，那么左体会被传入右体对应的解释器来产生一个新的左体。右体的解释器自身可能会以不同的优先级再次调用 expression。

表达式可以是开放或者闭合的。闭合表达式必须在一行内完成自洽；而开放表达式则需要有合适的缩进，且需要在后缀之前断行。

```
function argument_expression(precedence = 0, open = false) {
```

再说一遍，expression 系列函数是整个解析器的灵魂。它使用了一种叫作自顶向下算符优先（Top Down Operator Precedence）的技术。

它接收一个可选的 open 参数，以此决定是否支持断行。如果 open 为 true，则要求词处于正确的缩进位置。

```
    let definition;
    let left;
    let the_token = token;
```

判断一下词是数值字面量还是文本字面量。

```
    if (the_token.id === "(number)" || the_token.id === "(text)") {
        advance();
        left = the_token;
```

判断一下词是否由字母和数字组成。

```
    } else if (the_token.alphameric === true) {
        definition = lookup(the_token.id);
        if (definition === undefined) {
            return error(the_token, "expected a variable");
        }
        left = definition;
        advance();
    } else {
```

判断一下词是否是 (、[、{ 或者 ƒ 前缀。

```
        definition = parse_prefix[the_token.id];
        if (definition === undefined) {
            return error(the_token, "expected a variable");
        }
        advance();
        left = definition.parser(the_token);
    }
```

左体有了，那右体后缀存不存在呢？当前的优先级是否允许解析当前运算符呢？如果允许，则将左右体结合起来组成一个新的左体。

```
    while (true) {
        the_token = token;
        definition = parse_suffix[the_token.id];
        if (
            token.column_nr < indentation
            || (!open && is_line_break())
            || definition === undefined
            || definition.precedence <= precedence
        ) {
            break;
        }
        line_check(open && is_line_break());
        advance();
        the_token.class = "suffix";
        left = definition.parser(left, the_token);
    }
```

执行零次、一次或多次循环之后，就可以最终返回表达式的解析树了。

```
    return left;
}

function expression(precedence, open = false) {
```

argument_expressions 不需要检查空白，而 expression 要检查一遍。

```
    line_check(open);
    return argument_expression(precedence, open);
}
```

precedence 属性决定了如何解析后缀运算符。parse 属性是一个用于解析前缀或者后缀的函数。class 属性则是"suffix"、"statement"和 undefined 之一。

让我们把目光放到一个简单的后缀运算符上，那就是.（点号）。我们会往点解析器中传入左体的表达式和点号（词.）。这个解析器会验证左体表达式是否合法，以及当前词是否是一个名字。然后将其组装进.词并返回。

```
function parse_dot(left, the_dot) {
```

左体的表达式必须是一个变量，或者是一个可返回对象的表达式（对象字面量除外）。

```
    if (
        !left.alphameric
        && left.id !== "."
        && (left.id !== "[" || left.wunth === undefined)
        && left.id !== "("
    ) {
        return error(token, "expected a variable");
    }
    let the_name = token;
    if (the_name.alphameric !== true) {
        return error(the_name, "expected a field name");
    }
    the_dot.zeroth = left;
    the_dot.wunth = the_name;
    same_line();
    advance();
    return the_dot;
}
```

[]（下标）解析器就更有意思了。我们会往其传入左体表达式以及一个左方括号（词[）。它会校验左体是否合法，然后调用 expression 函数来获取方括号中的内容。如果[之后是一个断行，那么说明这是一个开放表达式。最后推进处理至闭合的]。

```
function parse_subscript(left, the_bracket) {
    if (
        !left.alphameric
        && left.id !== "."
        && (left.id !== "[" || left.wunth === undefined)
        && left.id !== "("
    ) {
        return error(token, "expected a variable");
    }
    the_bracket.zeroth = left;
    if (is_line_break()) {
        indent();
        the_bracket.wunth = expression(0, true);
        outdent();
        at_indentation();
    } else {
        the_bracket.wunth = expression();
        same_line();
    }
    advance("]");
    return the_bracket;
}
```

ellipsis 解析器的写法与其他后缀运算符不大一样，因为它只能出现在三个地方：形参列表、实参列表和数组字面量中。除此之外，它的出现都是错误的。所以要对它进行特殊处理。

```
function ellipsis(left) {
    if (token.id === "...") {
        const the_ellipsis = token;
        same_line();
        advance("...");
        the_ellipsis.zeroth = left;
        return the_ellipsis;
    }
    return left;
}
```

()（调用）解析器解析函数调用。它为各个实参都调用一遍 argument_expression。开放表达式可以让各参数自成一行，从而省掉逗号。

```
function parse_invocation(left, the_paren) {

//  函数调用:
//        表达式
//        表达式...

    const args = [];
    if (token.id === ")") {
        same_line();
    } else {
        const open = is_line_break();
```

```
        if (open) {
            indent();
        }
        while (true) {
            line_check(open);
            args.push(ellipsis(argument_expression()));
            if (token.id === ")" || token === the_end) {
                break;
            }
            if (!open) {
                same_line();
                advance(",");
            }
        }
        if (open) {
            outdent();
            at_indentation();
        } else {
            same_line();
        }
    }
    advance(")");
    the_paren.zeroth = left;
    the_paren.wunth = args;
    return the_paren;
}
```

suffix 函数用于构建 parse_suffix 数组。它的参数是一个运算符、一个优先级和一个可选的解析器。默认情况下，它自己会提供一个可用于大多数运算符的解析器函数。

```
function suffix(
    id,
    precedence,
    optional_parser = function infix(left, the_token) {
        the_token.zeroth = left;
        the_token.wunth = expression(precedence);
        return the_token;
    }
) {
```

创造一个中缀运算符或者后缀运算符。

```
    const the_symbol = Object.create(null);
    the_symbol.id = id;
    the_symbol.precedence = precedence;
    the_symbol.parser = optional_parser;
    parse_suffix[id] = Object.freeze(the_symbol);
}


suffix("|", 111, function parse_default(left, the_bar) {
```

```
    the_bar.zeroth = left;
    the_bar.wunth = expression(112);
    advance("|");
    return the_bar;
});
suffix("?", 111, function then_else(left, the_then) {
    the_then.zeroth = left;
    the_then.wunth = expression();
    advance("!");
    the_then.twoth = expression();
    return the_then;
});
suffix("/\\", 222);
suffix("\\/", 222);
suffix("~", 444);
suffix("≈", 444);
suffix("+", 555);
suffix("-", 555);
suffix("<<", 555);
suffix(">>", 555);
suffix("*", 666);
suffix("/", 666);
suffix(".", 777, parse_dot);
suffix("[", 777, parse_subscript);
suffix("(", 777, parse_invocation);
```

为了防止 $a<b\leqslant c$ 这种错误，我们对关系运算符的处理略有不同。

```
const rel_op = Object.create(null);

function relational(operator) {
    rel_op[operator] = true;
    return suffix(operator, 333, function (left, the_token) {
        the_token.zeroth = left;
        the_token.wunth = expression(333);
        if (rel_op[token.id] === true) {
            return error(token, "unexpected relational operator");
        }
        return the_token;
    });
}

relational("=");
relational("≠");
relational("<");
relational(">");
relational("≤");
relational("≥");
```

`prefix` 函数用于构建 `parse_prefix` 数组。要注意，`(` 和 `[` 在之前的 `parse_suffix` 数组中也存在。这不是我写错了，因为前缀运算符不需要优先级。

```
function prefix(id, parser) {
    const the_symbol = Object.create(null);
    the_symbol.id = id;
    the_symbol.parser = parser;
    parse_prefix[id] = Object.freeze(the_symbol);
}

prefix("(", function (ignore) {
    let result;
    if (is_line_break()) {
        indent();
        result = expression(0, true);
        outdent();
        at_indentation();
    } else {
        result = expression(0);
        same_line();
    }
    advance(")");
    return result;
});
```

数组字面量解析器会为其中的每个元素各调用一次 `expression` 函数。数组字面量中的每个元素都可以为任意表达式，并且可以可选地跟着`...`。数组字面量有如下三种写法。

- **空数组**：`[]`，一个长度为 0 的数组。
- **闭合数组**：所有的字面量都在同一行内，以逗号分隔。
- **开放数组**：`[`后跟一个断行，缩进一段，然后`]`恢复原始缩进。中间的表达式以`,`或者`;`以及/或者“断行”分隔。

`;`可用于表示二维数组。

```
        [[2, 7, 6], [9, 5, 1], [4, 3, 8]]
```

可以写成：

```
        [2, 7, 6; 9, 5, 1; 4, 3, 8]

prefix("[", function arrayliteral(the_bracket) {
    let matrix = [];
    let array = [];
    if (!is_line_break()) {
        while (true) {
            array.push(ellipsis(expression()));
            if (token.id === ",") {
                same_line();
                advance(",");
            } else if (
                token.id === ";"
```

```
                && array.length > 0
                && next_token !== "]"
            ) {
                same_line();
                advance(";");
                matrix.push(array);
                array = [];
            } else {
                break;
            }
        }
        same_line();
    } else {
        indent();
        while (true) {
            array.push(ellipsis(expression(0, is_line_break())));
            if (token.id === "]" || token === the_end) {
                break;
            }
            if (token.id === ";") {
                if (array.length === 0 || next_token.id === "]") {
                    break;
                }
                same_line();
                advance(";");
                matrix.push(array);
                array = [];
            } else if (token.id === "," || !is_line_break()) {
                same_line();
                advance(",");
            }
        }
        outdent();
        if (token.column_nr !== indentation) {
            return error(token, "expected at " + indentation);
        }
    }
    advance("]");
    if (matrix.length > 0) {
        matrix.push(array);
        the_bracket.zeroth = matrix;
    } else {
        the_bracket.zeroth = array;
    }
    return the_bracket
});

prefix("[]", function emptyarrayliteral(the_brackets) {
    return the_brackets;
});
```

记录字面量解析器会识别记录中字段的四种写法。

- 变量
- 命名:表达式
- "字符串":表达式
- [表达式]:表达式

```
prefix("{", function recordliteral(the_brace) {
    const properties = [];
    let key;
    let value;
    const open = the_brace.line_nr !== token.line_nr;
    if (open) {
        indent();
    }
    while (true) {
        line_check(open);
        if (token.id === "[") {
            advance("[");
            key = expression();
            advance("]");
            same_line();
            advance(":");
            value = expression();
        } else {
            key = token;
            advance();
            if (key.alphameric === true) {
                if (token.id === ":") {
                    same_line();
                    advance(":");
                    value = expression();
                } else {
                    value = lookup(key.id);
                    if (value === undefined) {
                        return error(key, "expected a variable");
                    }
                }
                key = key.id;
            } else if (key.id === "(text)") {
                key = key.text;
                same_line();
                advance(":");
                value = expression();
            } else {
                return error(key, "expected a key");
            }
        }
        properties.push({
            zeroth: key,
            wunth: value
        });
```

```
        if (token.column_nr < indentation || token.id === "}") {
            break;
        }
        if (!open) {
            same_line();
            advance(",");
        }
    }
    if (open) {
        outdent();
        at_indentation();
    } else {
        same_line();
    }
    advance("}");
    the_brace.zeroth = properties;
    return the_brace;
});

prefix("{}", function emptyrecordliteral(the_braces) {
    return the_braces;
});
```

函数字面量解析器会创造新的函数。它还允许使用**函薮**（functino）。这个词的灵感源于我偶然间打错了字。

```
const functino = (function make_set(array, value = true) {
    const object = Object.create(null);
    array.forEach(function (element) {
        object[element] = value;
    });
    return Object.freeze(object);
}([
    "?", "|", "/\\", "\\/", "=", "≠", "<", "≥", ">", "≤",
    "~", "≈", "+", "-", ">>", "<<", "*", "/", "[", "("
]));

prefix("ƒ", function function_literal(the_function) {
```

如果 ƒ 后跟一个后缀运算符，那么为其生成对应的函数。

```
    const the_operator = token;
    if (
        functino[token.id] === true
        && (the_operator.id !== "(" || next_token.id === ")")
    ) {
        advance();
        if (the_operator.id === "(") {
            same_line();
            advance(")");
        } else if (the_operator.id === "[") {
```

```
            same_line();
            advance("]");
        } else if (the_operator.id === "?") {
            same_line();
            advance("!");
        } else if (the_operator.id === "|") {
            same_line();
            advance("|");
        }
        the_function.zeroth = the_operator.id;
        return the_function;
    }
```

设置新的函数。

```
    if (loop.length > 0) {
        return error(the_function, "Do not make functions in loops.");
    }
    the_function.scope = Object.create(null);
    the_function.parent = now_function;
    now_function = the_function;

//  函数形参有如下三种形式:
//       名字
//       名字 | 默认 |
//       名字...
```

形参列表也可以是开放或者闭合的。

```
    const parameters = [];
    if (token.alphameric === true) {
        let open = is_line_break();
        if (open) {
            indent();
        }
        while (true) {
            line_check(open);
            let the_parameter = token;
            register(the_parameter);
            advance();
            if (token.id === "...") {
                parameters.push(ellipsis(the_parameter));
                break;
            }
            if (token.id === "|") {
                advance("|");
                parameters.push(parse_suffix["|"](the_parameter, prev_token));
            } else {
                parameters.push(the_parameter);
            }
            if (open) {
                if (token.id === ",") {
```

```
                return error(token, "unexpected ','");
            }
            if (token.alphameric !== true) {
                break;
            }
        } else {
            if (token.id !== ",") {
                break;
            }
            same_line();
            advance(",");
            if (token.alphameric !== true) {
                return error(token, "expected another parameter");
            }
        }
    }
    if (open) {
        outdent();
        at_indentation();
    } else {
        same_line();
    }
}
the_function.zeroth = parameters;
```

函数内容可以是(返回表达式)，也可以是{函数体}。

首先解析返回表达式。

```
if (token.id === "(") {
    advance("(");
    if (is_line_break()) {
        indent();
        the_function.wunth = expression(0, true);
        outdent();
        at_indentation();
    } else {
        the_function.wunth = expression();
        same_line();
    }
    advance(")");
} else {
```

接着解析函数体。函数体中必须有显式的 return，不能存在隐式返回。

```
    advance("{");
    indent();
    the_function.wunth = statements();
    if (the_function.wunth.return !== true) {
        return error(prev_token, "missing explicit 'return'");
    }
```

然后解析失败处理器（failure handler）。

```
        if (token.id === "failure") {
            outdent();
            at_indentation();
            advance("failure");
            indent();
            the_function.twoth = statements();
            if (the_function.twoth.return !== true) {
                return error(prev_token, "missing explicit 'return'");
            }
        }
        outdent();
        at_indentation();
        advance("}");
    }
    now_function = the_function.parent;
    return the_function;
});
```

statements 函数用于解析语句，然后返回包含语句词的数组。如有必要，它通过 prelude 函数来将词中的动词分离出来。

```
function statements() {
    const statement_list = [];
    let the_statement;
    while (true) {
        if (
            token === the_end
            || token.column_nr < indentation
            || token.alphameric !== true
            || token.id.startsWith("export")
        ) {
            break;
        }
        at_indentation();
        prelude();
        let parser = parse_statement[prev_token.id];
        if (parser === undefined) {
            return error(prev_token, "expected a statement");
        }
        prev_token.class = "statement";
        the_statement = parser(prev_token);
        statement_list.push(the_statement);
        if (the_statement.disrupt === true) {
            if (token.column_nr === indentation) {
                return error(token, "unreachable");
            }
            break;
        }
    }
```

```
    if (statement_list.length === 0) {
        if (!token.id.startsWith("export")) {
            return error(token, "expected a statement");
        }
    } else {
        statement_list.disrupt = the_statement.disrupt;
        statement_list.return = the_statement.return;
    }
    return statement_list;
}
```

disrupt 属性用于标记退出或者返回的语句或者语句列表。return 属性则标记返回的语句或者语句列表。

break 语句用于退出循环。我们会往 break 解析器中传入 break 词。它会为当前循环设置退出条件。

```
parse_statement.break = function (the_break) {
    if (loop.length === 0) {
        return error(the_break, "'break' wants to be in a loop.");
    }
    loop[loop.length - 1] = "break";
    the_break.disrupt = true;
    return the_break;
};
```

call 语句会调用函数并忽略其返回值。这只是为了识别那些只为副作用而发生的函数调用。

```
parse_statement.call = function (the_call) {
    the_call.zeroth = expression();
    if (the_call.zeroth.id !== "(") {
        return error(the_call, "expected a function invocation");
    }
    return the_call;
};
```

def 语句用于注册只读变量。

```
parse_statement.def = function (the_def) {
    if (!token.alphameric) {
        return error(token, "expected a name.");
    }
    same_line();
    the_def.zeroth = token;
    register(token, true);
    advance();
    same_line();
    advance(":");
    the_def.wunth = expression();
    return the_def;
};
```

fail 语句是 Neo 语言中风险最高的实验。大多数语言的异常机制已经腐化到通信通道中了，而 Neo 的 fail 语句则尝试对其进行修复。

```
parse_statement.fail = function (the_fail) {
    the_fail.disrupt = true;
    return the_fail;
};
```

if 语句可以伴随 else 子语句或者 else if 语句。如果两个分支都被中断或者返回，那么 if 语句自身也会中断或者返回。

```
parse_statement.if = function if_statement(the_if) {
    the_if.zeroth = expression();
    indent();
    the_if.wunth = statements();
    outdent();
    if (token.column_nr === indentation) {
        if (token.id === "else") {
            advance("else");
            indent();
            the_if.twoth = statements();
            outdent();
            the_if.disrupt = the_if.wunth.disrupt && the_if.twoth.disrupt;
            the_if.return = the_if.wunth.return && the_if.twoth.return;
        } else if (token.id.startsWith("else if ")) {
            prelude();
            prelude();
            the_if.twoth = if_statement(prev_token);
            the_if.disrupt = the_if.wunth.disrupt && the_if.twoth.disrupt;
            the_if.return = the_if.wunth.return && the_if.twoth.return;
        }
    }
    return the_if;
};
```

let 语句是 Neo 的赋值语句。它的左体不是普通表达式，有一种称为**左值**（lvalue）的限制。左值可以是变量（是 var 而不是 def），也可以是用于查找记录字段或者数组元素的表达式。

```
parse_statement.let = function (the_let) {
```

在 Neo 中，只有 let 语句才允许变异。

下一个词必须是名字。

```
    same_line();
    const name = token;
    advance();
    const id = name.id;
    let left = lookup(id);
```

```
    if (left === undefined) {
        return error(name, "expected a variable");
    }
    let readonly = left.readonly;
```

然后考虑后缀运算符[]、.、[和{。

```
    while (true) {
        if (token === the_end) {
            break;
        }
        same_line();
```

此处的[]表示数组附加操作。

```
        if (token.id === "[]") {
            readonly = false;
            token.zeroth = left;
            left = token;
            same_line();
            advance("[]");
            break;
        }
        if (token.id === ".") {
            readonly = false;
            advance(".");
            left = parse_dot(left, prev_token);
        } else if (token.id === "[") {
            readonly = false;
            advance("[");
            left = parse_subscript(left, prev_token);
        } else if (token.id === "(") {
            readonly = false;
            advance("(");
            left = parse_invocation(left, prev_token);
            if (token.id === ":") {
                return error(left, "assignment to the result of a function");
            }
        } else {
            break;
        }
    }
    advance(":");
    if (readonly) {
        return error(left, "assignment to a constant");
    }
    the_let.zeroth = left;
    the_let.wunth = expression();
```

此处的[]则表示数组的弹出操作。

```
    if (token.id === "[]" && left.id !== "[]" && (
        the_let.wunth.alphameric === true
        || the_let.wunth.id === "."
        || the_let.wunth.id === "["
        || the_let.wunth.id === "("
    )) {
        token.zeroth = the_let.wunth;
        the_let.wunth = token;
        same_line();
        advance("[]");
    }
    return the_let;
};
```

loop 语句维护一个栈来处理嵌套循环的情况。栈中的条目是循环的退出条件。如果没有显式的退出，则栈的状态为"infinite"；如果退出条件只有 return 语句，则栈的状态为"return"；如果还有 break 语句，则栈的状态为"break"。鉴于此，fail 并不是显式退出条件。

```
parse_statement.loop = function (the_loop) {
    indent();
    loop.push("infinite");
    the_loop.zeroth = statements();
    const exit = loop.pop();
    if (exit === "infinite") {
        return error(the_loop, "A loop wants a 'break'.");
    }
    if (exit === "return") {
        the_loop.disrupt = true;
        the_loop.return = true;
    }
    outdent();
    return the_loop;
};
```

return 语句会将"infinite"循环的状态更改为"return"。

```
parse_statement.return = function (the_return) {
    try {
        if (now_function.parent === undefined) {
            return error(the_return, "'return' wants to be in a function.");
        }
        loop.forEach(function (element, element_nr) {
            if (element === "infinite") {
                loop[element_nr] = "return";
            }
        });
        if (is_line_break()) {
            return error(the_return, "'return' wants a return value.");
        }
        the_return.zeroth = expression();
        if (token === "}") {
```

```
            return error(the_return, "Misplaced 'return'.");
        }
        the_return.disrupt = true;
        the_return.return = true;
        return the_return;
    } catch (ignore) {
        return the_error;
    }
};
```

var 语句用于声明可以被 let 语句重新赋值的变量。如果变量没有被显式地初始化，则其初始值为 null。

```
parse_statement.var = function (the_var) {
    if (!token.alphameric) {
        return error(token, "expected a name.");
    }
    same_line();
    the_var.zeroth = token;
    register(token);
    advance();
    if (token.id === ":") {
        same_line();
        advance(":");
        the_var.wunth = expression();
    }
    return the_var;
};

Object.freeze(parse_prefix);
Object.freeze(parse_suffix);
Object.freeze(parse_statement);
```

import 和 export 语句并不属于 parse_statement，因为它们在源码中的位置受限：import 语句必须在其他所有语句之前；而源码中只能有一个 export 语句，且只能在末尾。

```
function parse_import(the_import) {
    same_line();
    register(token, true);
    the_import.zeroth = token;
    advance();
    same_line();
    advance(":");
    same_line();
    the_import.wunth = token;
    advance("(text)");
    the_import.class = "statement";
    return the_import;
}

function parse_export(the_export) {
```

```
    the_export.zeroth = expression();
    the_export.class = "statement";
    return the_export;
}
```

我们只导出一个 parse 函数。它接收一个词生成器，然后返回生成的树。我们无须为其编写构造函数，因为不需要在调用之间保持状态。

```
export default function parse(token_generator) {
    try {
        indentation = 0;
        loop = [];
        the_token_generator = token_generator;
        next_token = the_end;
        const program = {
            id: "",
            scope: Object.create(null)
        };
        now_function = program;
        advance();
        advance();
        let the_statements = [];
        while (token.id.startsWith("import ")) {
            at_indentation();
            prelude();
            the_statements.push(parse_import(prev_token));
        }
        the_statements = the_statements.concat(statements());
        if (token.id.startsWith("export")) {
            at_indentation();
            prelude();
            the_statements.push(parse_export(prev_token));
        }
        if (token !== the_end) {
            return error(token, "unexpected");
        }
        program.zeroth = the_statements;
        return program;
    } catch (ignore) {
        return the_error;
    }
};
```

第 28 章

代码生成

●●●○○

尼奥，汝须释空。
释惧、释疑、释不信，
则心可解脱。

——墨菲斯，《黑客帝国》

接下来要做的事就是将之前解析器构建出来的词树转换成可执行形式。虽然我们称之为**代码生成**，但它实际上是一种转换。

对于要生成的目标语言，我们有很多选择。既可以将其转换为机器码或某种虚拟机的指令，又可以将其转换为另一门编程语言。如果有趁手的运行时，就可以将其转换为 C 语言，但是本书中我决定将其转换为 JavaScript。

JavaScript 非常合适作为一门目标语言。它有出色的（黑盒）内存管理机制，而创造新语言时最困难的部分往往就是内存管理。要将一门语言转换为真实的机器码，我们还需要一种对有限寄存器集合的管理机制。JavaScript 可以让你使用所有你想要的变量，而且它的对象也是一种非常通用的数据结构。我觉得无论如何赞美 JavaScript 的对象都不为过。

首先要创建几个集合——可生成布尔值的集合，以及 JavaScript 保留字集合。

```
function make_set(array, value = true) {
    const object = Object.create(null);
    array.forEach(function (element) {
        object[element] = value;
    });
    return $NEO.stone(object);
}

const boolean_operator = make_set([
```

```
    "array?", "boolean?", "function?", "integer?", "not", "number?", "record?",
    "stone?", "text?", "true", "=", "≠", "<", ">", "≤", "≥", "/\\", "\\/"
]);

const reserved = make_set([
    "arguments", "await", "break", "case", "catch", "class", "const",
    "continue", "debugger", "default", "delete", "do", "else", "enum", "eval",
    "export", "extends", "false", "finally", "for", "function", "if",
    "implements", "import", "in", "Infinity", "instanceof", "interface", "let",
    "NaN", "new", "null", "package", "private", "protected", "public", "return",
    "static", "super", "switch", "this", "throw", "true", "try", "typeof",
    "undefined", "var", "void", "while", "with", "yield"
]);
```

然后是一个 `primordial` 对象，用于在 Neo 的内置事物与 JavaScript 之间做映射。有些被映射至 Neo 的运行时对象，有些则直接被映射成 JavaScript 的相关内容。

```
const primordial = $NEO.stone({
    "abs": "$NEO.abs",
    "array": "$NEO.array",
    "array?": "Array.isArray",
    "bit and": "$NEO.bitand",
    "bit mask": "$NEO.bitmask",
    "bit or": "$NEO.bitor",
    "bit shift down": "$NEO.bitdown",
    "bit shift up": "$NEO.bitup",
    "bit xor": "$NEO.bitxor",
    "boolean?": "$NEO.boolean_",
    "char": "$NEO.char",
    "code": "$NEO.code",
    "false": "false",
    "fraction": "$NEO.fraction",
    "function?": "$NEO.function_",
    "integer": "$NEO.integer",
    "integer?": "$NEO.integer_",
    "length": "$NEO.length",
    "neg": "$NEO.neg",
    "not": "$NEO.not",
    "null": "undefined",
    "number": "$NEO.make",
    "number?": "$NEO.is_big_float",
    "record": "$NEO.record",
    "record?": "$NEO.record_",
    "stone": "$NEO.stone",
    "stone?": "Object.isFrozen",
    "text": "$NEO.text",
    "text?": "$NEO.text_",
    "true": "true"
});
```

相较于 Neo 来说，JavaScript 中的空白字符并不那么重要。所以哪怕生成再丑陋的 JavaScript

代码，运行时也不会怪你。但是这个世界上的丑陋之物已经够多了，如果有可以让事物变得美好的机会，那么何乐而不为呢？哪怕根本不会有人注意到。

```
let indentation;

function indent() {
    indentation += 4;
}

function outdent() {
    indentation -= 4;
}

function begin() {
```

在每行开头，都先写一个换行符和一定数量的空格填充。

```
    return "\n" + " ".repeat(indentation);
}

let front_matter;
let operator_transform;
let statement_transform;
let unique;
```

Neo 与 JavaScript 的命名规则不完全兼容。Neo 的名称允许有空格和问号（?），JavaScript 则不行，所以需要在必要时将 Neo 名称“压碎”（mangle）成合法的 JavaScript 名称。所有单词都可被用作 Neo 的名称，而 JavaScript 则有保留字，所以如果在 Neo 中使用了 JavaScript 的保留字，就要在转换的时候在其前面加上美元符号（$）。我们要将大数值浮点数转换成一种类似于数值字面量的形式来让转换结果更可读。

```
const rx_space_question = / [ \u0020 ? ]/g;

function mangle(name) {
```

如上所述，JavaScript 中的名称不能存在空格和问号，所以将其都替换成下划线（_）。另外，要在保留字前面加上美元符号前缀。

例如，`what me worry?`会被转换成 `what_me_worry_`，`class` 会被转换成`$class`。

```
    return (
        reserved[name] === true
        ? "$" + name
        : name.replace(rx_space_question, "_")
    );
}
```

```
const rx_minus_point = / [ \- . ] /g;

function numgle(number) {
```

我们将大数值字面量转换为常量，使其尽可能自然。常量名以美元符号开头，用下划线替换减号（-）和点号（.）。

例如，`1` 会被转换成`$`，`98.6` 会被转换成`$98_6`，而`-1.011e-5` 会被转换成`$_1_011e_5`。

```
    const text = big_float.string(number.number);
    const name = "$" + text.replace(rx_minus_point, "_");
    if (unique[name] !== true) {
        unique[name] = true;
        front_matter.push(
            "const " + name + " = $NEO.number(\"" + text + "\");\n"
        );
    }
    return name;
}
```

大多数代码生成器只是某种将词转换回文本的函数。这些函数相互调用，最终将词完全文本化。我们先从 `op` 写起，它的参数是运算符词。大多数运算符的形式很简单，所以它们的转换器是字符串。如果词有附加的操作数，那么将其组合成一个函数调用。如果运算符不符合这样的简单形式，那么转换器就是一个函数，它接收这个词并返回字符串。

```
function op(thing) {
    const transform = operator_transform[thing.id];
    return (
        typeof transform === "string"
        ? (
            thing.zeroth === undefined
            ? transform
            : transform + "(" + expression(thing.zeroth) + (
                thing.wunth === undefined
                ? ""
                : ", " + expression(thing.wunth)
            ) + ")"
        )
        : transform(thing)
    );

}
```

`expression` 函数用于处理一般的表达式词。

```
function expression(thing) {
    if (thing.id === "(number)") {
        return numgle(thing);
    }
```

```
    if (thing.id === "(text)") {
        return JSON.stringify(thing.text);
    }
    if (thing.alphameric) {
        return (
            thing.origin === undefined
            ? primordial[thing.id]
            : mangle(thing.id)
        );
    }
    return op(thing);
}
```

下面这个函数用于生成数组字面量。

```
function array_literal(array) {
    return "[" + array.map(function (element) {
        return (
            Array.isArray(element)
            ? array_literal(element)
            : expression(element)
        );
    }).join(", ") + "]";
}
```

Neo 记录字面量是一种无原型链的对象。空记录相当于 JavaScript 中的 `Object.create(null)`。记录的字段是用赋值语句生成的。我们将赋值语句包装在一个被立即调用的函数语句中。例如 `{[foo bear]: 12.3, two part}`生成的 JavaScript 代码就是：

```
            (function (o) {
                $NEO.set(o, foo_bear, $12_3);
                o["two part"] = two_part;
            }(Object.create(null)))
```

记录字面量的变量名也要被“压碎”，但是字段名不需要。

```
function record_literal(array) {
    indent();
    const padding = begin();
    const string = "(function (o) {" + array.map(function (element) {
        return padding + (
            typeof element.zeroth === "string"
            ? (
                "o["
                + JSON.stringify(element.zeroth)
                + "] = "
                + expression(element.wunth)
                + ";"
            )
            : (
                "$NEO.set(o, "
```

```
                + expression(element.zeroth)
                + ", "
                + expression(element.wunth)
                + ");"
            )
        );
    }).join("") + padding + "return o;";
    outdent();
    return string + begin() + "}(Object.create(null)))";
}
```

Neo 并不是一门布尔式犯蠢类型语言。像 if 语句的条件位上就必须是一个布尔类型的值。若该位置上的值不是布尔类型，程序就会失败。我们需要让 JavaScript 支持这种判断行为，将布尔判断包装成 assert_boolean 函数。

```
function assert_boolean(thing) {
    const string = expression(thing);
    return (
        (
            boolean_operator[thing.id] === true
            || (
                thing.zeroth !== undefined
                && thing.zeroth.origin === undefined
                && boolean_operator[thing.zeroth.id]
            )
        )
        ? string
        : "$NEO.assert_boolean(" + string + ")"
    );
}
```

我们可以将语句词数组转换成字符串，然后包装在一个作用块中。

```
function statements(array) {
    const padding = begin();
    return array.map(function (statement) {
        return padding + statement_transform[statement.id](statement);
    }).join("");
}

function block(array) {
    indent();
    const string = statements(array);
    outdent();
    return "{" + string + begin() + "}";
}
```

statement_transform 对象包含各种语句的转换函数。多数语句非常简单。if 语句则比较复杂，有三种写法：有 else、没有 else 以及有 else if。let 语句是 Neo 语言中唯一能发生变异的语句。该语句还要处理[]运算符：如果[]出现在左边，要往数组中推入元素；若出现在右边，则要从数组中弹出元素。此外，let 语句还需要处理左值。

```
statement_transform = $NEO.stone({
    break: function (ignore) {
        return "break;";
    },
    call: function (thing) {
        return expression(thing.zeroth) + ";";
    },
    def: function (thing) {
        return (
            "var " + expression(thing.zeroth)
            + " = " + expression(thing.wunth) + ";"
        );
    },
    export: function (thing) {
        const exportation = expression(thing.zeroth);
        return "export default " + (
            exportation.startsWith("$NEO.stone(")
            ? exportation
            : "$NEO.stone(" + exportation + ")"
        ) + ";";
    },
    fail: function () {
        return "throw $NEO.fail(\"fail\");";
    },
    if: function if_statement(thing) {
        return (
            "if ("
            + assert_boolean(thing.zeroth)
            + ") "
            + block(thing.wunth)
            + (
                thing.twoth === undefined
                ? ""
                : " else " + (
                    thing.twoth.id === "if"
                    ? if_statement(thing.twoth)
                    : block(thing.twoth)
                )
            )
        );
    },
    import: function (thing) {
        return (
            "import " + expression(thing.zeroth)
            + " from " + expression(thing.wunth) + ";"
        );
    },
    let: function (thing) {
        const right = (
            thing.wunth.id === "[]"
```

```
            ? expression(thing.wunth.zeroth) + ".pop();"
            : expression(thing.wunth)
        );
        if (thing.zeroth.id === "[]") {
            return expression(thing.zeroth.zeroth) + ".push(" + right + ");";
        }
        if (thing.zeroth.id === ".") {
            return (
                "$NEO.set(" + expression(thing.zeroth.zeroth)
                + ", " + JSON.stringify(thing.zeroth.wunth.id)
                + ", " + right + ");"
            );
        }
        if (thing.zeroth.id === "[") {
            return (
                "$NEO.set(" + expression(thing.zeroth.zeroth)
                + ", " + expression(thing.zeroth.wunth)
                + ", " + right + ");"
            );
        }
        return expression(thing.zeroth) + " = " + right + ";";
    },
    loop: function (thing) {
        return "while (true) " + block(thing.zeroth);
    },
    return: function (thing) {
        return "return " + expression(thing.zeroth) + ";";
    },
    var: function (thing) {
        return "var " + expression(thing.zeroth) + (
            thing.wunth === undefined
            ? ";"
            : " = " + expression(thing.wunth) + ";"
        );
    }
});
```

函数（functino）是一种内置函数，由带 ƒ 前缀的运算符构成。

```
const functino = $NEO.stone({
    "?": "$NEO.ternary",
    "|": "$NEO.default",
    "/\\": "$NEO.and",
    "\\/": "$NEO.or",
    "=": "$NEO.eq",
    "≠": "$NEO.ne",
    "<": "$NEO.lt",
    "≥": "$NEO.ge",
    ">": "$NEO.gt",
    "≤": "$NEO.le",
    "~": "$NEO.cat",
    "≈": "$NEO.cats",
```

```
    "+": "$NEO.add",
    "-": "$NEO.sub",
    ">>": "$NEO.max",
    "<<": "$NEO.min",
    "*": "$NEO.mul",
    "/": "$NEO.div",
    "[": "$NEO.get",
    "(": "$NEO.resolve"
});
```

`operator_transform` 对象包含所有运算符的转换。

```
operator_transform = $NEO.stone({
    "?": function (thing) {
        indent();
        let padding = begin();
        let string = (
            "(" + padding + assert_boolean(thing.zeroth)
            + padding + "? " + expression(thing.wunth)
            + padding + ": " + expression(thing.twoth)
        );
        outdent();
        return string + begin() + ")";
    },
    "/\\": function (thing) {
        return (
            "(" + assert_boolean(thing.zeroth)
            + " && " + assert_boolean(thing.wunth)
            + ")"
        );
    },
    "\\/": function (thing) {
        return (
            "(" + assert_boolean(thing.zeroth)
            + " || " + assert_boolean(thing.wunth)
            + ")"
        );
    },
    "=": "$NEO.eq",
    "≠": "$NEO.ne",
    "<": "$NEO.lt",
    "≥": "$NEO.ge",
    ">": "$NEO.gt",
    "≤": "$NEO.le",
    "~": "$NEO.cat",
    "≈": "$NEO.cats",
    "+": "$NEO.add",
    "-": "$NEO.sub",
    ">>": "$NEO.max",
    "<<": "$NEO.min",
    "*": "$NEO.mul",
    "/": "$NEO.div",
```

```
"|": function (thing) {
    return (
        "(function (_0) {"
        + "return (_0 === undefined) ? "
        + expression(thing.wunth) + " : _0);}("
        + expression(thing.zeroth) + "))"
    );
},
"...": function (thing) {
    return "..." + expression(thing.zeroth);
},
".": function (thing) {
    return (
        "$NEO.get(" + expression(thing.zeroth)
        + ", \"" + thing.wunth.id + "\")"
    );
},
"[": function (thing) {
    if (thing.wunth === undefined) {
        return array_literal(thing.zeroth);
    }
    return (
        "$NEO.get(" + expression(thing.zeroth)
        + ", " + expression(thing.wunth) + ")"
    );
},
"{": function (thing) {
    return record_literal(thing.zeroth);
},
"(": function (thing) {
    return (
        expression(thing.zeroth) + "("
        + thing.wunth.map(expression).join(", ") + ")"
    );
},
"[]": "[]",
"{}": "Object.create(null)",
"ƒ": function (thing) {
    if (typeof thing.zeroth === "string") {
        return functino[thing.zeroth];
    }
    return "$NEO.stone(function (" + thing.zeroth.map(function (param) {
        if (param.id === "...") {
            return "..." + mangle(param.zeroth.id);
        }
        if (param.id === "|") {
            return (
                mangle(param.zeroth.id) + " = " + expression(param.wunth)
            );
        }
        return mangle(param.id);
    }).join(", ") + ") " + (
```

```
            Array.isArray(thing.wunth)
            ? block(thing.wunth)
            : "{return " + expression(thing.wunth) + ";}"
        ) + ")";
    }
});
```

最后导出代码生成器函数，它接收一棵词树，并返回 JavaScript 源码程序。

```
export default $NEO.stone(function codegen(tree) {
    front_matter = [
        "import $NEO from \"./neo.runtime.js\"\n"
    ];
    indentation = 0;
    unique = Object.create(null);
    const bulk = statements(tree.zeroth);
    return front_matter.join("") + bulk;
});
```

举个例子

下面这个函数与 map 方法差不多，不过还可用于多个数组、标量和生成器。

```
export ƒ function, arguments... {
    if length(arguments) = 0
        return null
    var index: 0
    def result: []
    var stop: false

    def prepare arguments: ƒ argument {
        def candidate: (
            array?(argument)
            ? argument[index]
            ! (
                function?(argument)
                ? argument(index)
                ! argument
            )
        )
        if candidate = null
            let stop: true
        return candidate
    }

    loop
        var processed: array(arguments, prepare arguments)
        if stop
            break
        let result[]: function(processed...)
```

```
        let index: index + 1
    return result
}
```

上面的代码通过 codegen(parse(tokenize(neo_source)))之后就会生成下面的代码。

```
import $NEO from "./neo.runtime.js";
const $0 = $NEO.number("0");
const $1 = $NEO.number("1");

export default $NEO.stone(function ($function, ...$arguments) {
    if ($NEO.eq($NEO.length($arguments), $0)) {
        return undefined;
    }
    var index = $0;
    var result = [];
    var stop = false;
    var prepare_arguments = $NEO.stone(function (argument) {
        var candidate = (
            Array.isArray(argument)
            ? $NEO.get(argument, index)
            : (
                $NEO.function_(argument)
                ? argument(index)
                : argument
            )
        );
        if ($NEO.eq(candidate, undefined)) {
            stop = true;
        }
        return candidate;
    });
    while (true) {
        var processed = $NEO.array($arguments, prepare_arguments);
        if ($NEO.assert_boolean(stop)) {
            break;
        }
        result.push($function(...processed));
        index = $NEO.add(index, $1);
    }
    return result;
});
```

然后：

```
import do: "example/do.neo"

var result: do(ƒ+, [1, 2, 3], [5, 4, 3])
# result 为[6, 6, 6]

let result: do(ƒ/, 60, [1, 2, 3, 4, 5, 6])
# result 为[60, 30, 20, 15, 12, 10]
```

它转译后的结果是：

```
import $NEO from "./neo.runtime.js"
const $1 = $NEO.number("1");
const $2 = $NEO.number("2");
const $3 = $NEO.number("3");
const $5 = $NEO.number("5");
const $4 = $NEO.number("4");
const $60 = $NEO.number("60");
const $6 = $NEO.number("6");

import $do from "example/do.neo";
var result = $do($NEO.add, $60, [$1, $2, $3], [$5, $4, $3]);
result = $do($NEO.div, $60, [$1, $2, $3, $4, $5, $6]);
```

第29章

运 行 时

●●●○●

尼奥，吾知汝因何而来，吾知汝所为者何事，吾知汝何以辗转难眠、何以终日坐于计算机前。

——崔妮蒂，《黑客帝国》

运行时指的是用于执行程序的软件。JavaScript 之所以能成为流行的转译目标语言，原因之一便是它提供了高质量的运行时。若一门源语言与其目标语言在语义上有差异，就需要一些特殊的运行时支持。“Neo 在 JavaScript 运行时中”的特殊支持形式就是包含各种帮助函数的对象。

Neo 在语义上的两个最大改进就是有更好的数值类型和更好的对象。它的数值类型就是我们在第 4 章开发的高精度浮点数。它的记录则统一了 JavaScript 中的对象和 WeakMap，简单归纳如下：

- 它的键名可为文本、记录或者数组，但只有文本类型的键名才能被 array 函数枚举；
- null 值用于删除字段；
- 对不存在的字段使用路径表达式不会让程序执行失败，只会让它返回 null；
- 数组只接收整数型键名，并且强制设定边界。

我们先从一个中心化的 fail 函数开始。

```
function fail(what = "fail") {
    throw new Error(what);
}
```

在本文件中，唯一有状态的变量就是 weakmap_of_weakmaps。它将 WeakMap 与记录绑定在一起。虽然大多数记录并不需要 WeakMap，但我们还是要从 weakmap_of_weakmaps 中获取与记录绑定在一起的 WeakMap。

get 函数用于从记录中检索一个字段的值，或者从数组中检索一个元素。它还通过返回一个函数来实现“以方法的形式来调用函数”。若有任何环节出现问题，那么函数将返回 null，即 JavaScript 中的 undefined。

```
let weakmap_of_weakmaps = new WeakMap();

function get(container, key) {
    try {
        if (Array.isArray(container) || typeof container === "string") {
            const element_nr = big_float.number(key);
            return (
                Number.isSafeInteger(element_nr)
                ? container[(
                    element_nr >= 0
                    ? element_nr
                    : container.length + element_nr
                )]
                : undefined
            );
        }
        if (typeof container === "object") {
            if (big_float.is_big_float(key)) {
                key = big_float.string(key);
            }
            return (
                typeof key === "string"
                ? container[key]
                : weakmap_of_weakmaps.get(container).get(key)
            );
        }
        if (typeof container === "function") {
            return function (...rest) {
                return container(key, rest);
            };
        }
    } catch (ignore) {
    }
}
```

f [] 函数与 get 函数有关联。

set 函数用于为记录新增、修改或者删除字段，也用于更新数组元素。如果逻辑有问题，它就会失败。get 函数的容错性相对高一些，set 函数则没什么容错性。

```
function set(container, key, value) {
    if (Object.isFrozen(container)) {
        return fail("set");
    }
    if (Array.isArray(container)) {
```

数组的键名只能是高精度浮点数。

```
        let element_nr = big_float.number(key);
        if (!Number.isSafeInteger(element_nr)) {
            return fail("set");
        }
```

传入的索引是负数则意味着另一种形式的索引表示法，如[-1]指设置最后一个元素。

```
        if (element_nr < 0) {
            element_nr = container.length + element_nr;
        }
```

另外，键名必须在数组分配的长度范围内。

```
        if (element_nr < 0 || element_nr >= container.length) {
            return fail("set");
        }
        container[element_nr] = value;
    } else {
        if (big_float.is_big_float(key)) {
            key = big_float.string(key);
        }
```

若键名是字符串，则认为这是一个对象更新逻辑。

```
        if (typeof key === "string") {
            if (value === undefined) {
                delete container[key];
            } else {
                container[key] = value;
            }
        } else {
```

否则，我们认为这是一个对于 WeakMap 的更新。对于每个以对象作为键名的记录，我们都为其关联一个 WeakMap。需要注意的是，当 key 是数组的时候，typeof key !== "object"的结果是 false。

```
            if (typeof key !== "object") {
                return fail("set");
            }
            let weakmap = weakmap_of_weakmaps.get(container);
```

如果当前还没有对应的 WeakMap，则编写一个。

```
            if (weakmap === undefined) {
                if (value === undefined) {
                    return;
                }
                weakmap = new WeakMap();
```

```
                weakmap_of_weakmaps.set(container, weakmap);
            }
```

然后更新它。

```
            if (value === undefined) {
                weakmap.delete(key);
            } else {
                weakmap.set(key, value);
            }
        }
    }
}
```

接下来是一组用于构建数组、数值、记录和文本的函数。

```
function array(zeroth, wunth, ...rest) {
```

array 函数其实和 new Array、array.fill、array.slice、Object.keys 和 string.split 等的作用相同。

```
    if (big_float.is_big_float(zeroth)) {
        const dimension = big_float.number(zeroth);
        if (!Number.isSafeInteger(dimension) || dimension < 0) {
            return fail("array");
        }
        let newness = new Array(dimension);
        return (
            (wunth === undefined || dimension === 0)
            ? newness
            : (
                typeof wunth === "function"
                ? newness.map(wunth)
                : newness.fill(wunth)
            )
        );
    }
    if (Array.isArray(zeroth)) {
        return zeroth.slice(big_float.number(wunth), big_float.number(rest[0]));
    }
    if (typeof zeroth === "object") {
        return Object.keys(zeroth);
    }
    if (typeof zeroth === "string") {
        return zeroth.split(wunth || "");
    }
    return fail("array");
}

function number(a, b) {
    return (
```

```
        typeof a === "string"
        ? big_float.make(a, b)
        : (
            typeof a === "boolean"
            ? big_float.make(Number(a))
            : (
                big_float.is_big_float(a)
                ? a
                : undefined
            )
        )
    );
}

function record(zeroth, wunth) {
    const newness = Object.create(null);
    if (zeroth === undefined) {
        return newness;
    }
    if (Array.isArray(zeroth)) {
        if (wunth === undefined) {
            wunth = true;
        }
        zeroth.forEach(function (element, element_nr) {
            set(
                newness,
                element,
                (
                    Array.isArray(wunth)
                    ? wunth[element_nr]
                    : (
                        typeof wunth === "function"
                        ? wunth(element)
                        : wunth
                    )
                )
            );
        });
        return newness;
    }
    if (typeof zeroth === "object") {
        if (wunth === undefined) {
            return Object.assign(newness, zeroth);
        }
        if (typeof wunth === "object") {
            return Object.assign(newness, zeroth, wunth);
        }
        if (Array.isArray(wunth)) {
            wunth.forEach(function (key) {
                let value = zeroth[key];
                if (value !== undefined) {
                    newness[key] = value;
```

```
                }
            });
            return newness;
        }
    }
    return fail("record");
}

function text(zeroth, wunth, twoth) {
    if (typeof zeroth === "string") {
        return (zeroth.slice(big_float.number(wunth), big_float.number(twoth)));
    }
    if (big_float.is_big_float(zeroth)) {
        return big_float.string(zeroth, wunth);
    }
    if (Array.isArray(zeroth)) {
        let separator = wunth;
        if (typeof wunth !== "string") {
            if (wunth !== undefined) {
                return fail("string");
            }
            separator = "";
        }
        return zeroth.join(separator);
    }
    if (typeof zeroth === "boolean") {
        return String(zeroth);
    }
}
```

`stone` 函数用于深度冻结。

```
function stone(object) {
    if (!Object.isFrozen(object)) {
        object = Object.freeze(object);
        if (typeof object === "object") {
            if (Array.isArray(object)) {
                object.forEach(stone);
            } else {
                Object.keys(object).forEach(function (key) {
                    stone(object[key]);
                });
            }
        }
    }
    return object;
}
```

有一组用于判定事物类型的判定函数。

```
function boolean_(any) {
    return typeof any === "boolean";
```

```
}

function function_(any) {
    return typeof any === "function";
}

function integer_(any) {
    return (
        big_float.is_big_float(any)
        && big_float.normalize(any).exponent === 0
    );
}

function number_(any) {
    return big_float.is_big_float(any);
}

function record_(any) {
    return (
        any !== null
        && typeof any === "object"
        && !big_float.is_big_float(any)
    );
}

function text_(any) {
    return typeof any === "string";
}
```

还有一组“函数”版本的逻辑运算函数。这些函数并不用于短路逻辑运算。只有运算符版本的逻辑运算函数才能对操作数进行惰性运算。

```
function assert_boolean(boolean) {
    return (
        typeof boolean === "boolean"
        ? boolean
        : fail("boolean")
    );
}

function and(zeroth, wunth) {
    return assert_boolean(zeroth) && assert_boolean(wunth);
}

function or(zeroth, wunth) {
    return assert_boolean(zeroth) || assert_boolean(wunth);
}

function not(boolean) {
    return !assert_boolean(boolean);
}
```

```
function ternary(zeroth, wunth, twoth) {
    return (
        assert_boolean(zeroth)
        ? wunth
        : twoth
    );
}

function default_function(zeroth, wunth) {
    return (
        zeroth === undefined
        ? wunth
        : zeroth
    );
}
```

下面是一组关系运算符函数。

```
function eq(zeroth, wunth) {
    return zeroth === wunth || (
        big_float.is_big_float(zeroth)
        && big_float.is_big_float(wunth)
        && big_float.eq(zeroth, wunth)
    );
}

function lt(zeroth, wunth) {
    return (
        zeroth === undefined
        ? false
        : (
            wunth === undefined
            ? true
            : (
                (
                    big_float.is_big_float(zeroth)
                    && big_float.is_big_float(wunth)
                )
                ? big_float.lt(zeroth, wunth)
                : (
                    (typeof zeroth === typeof wunth && (
                        typeof zeroth === "string"
                        || typeof zeroth === "number"
                    ))
                    ? zeroth < wunth
                    : fail("lt")
                )
            )
        )
    );
}
```

```
function ge(zeroth, wunth) {
    return !lt(zeroth, wunth);
}

function gt(zeroth, wunth) {
    return lt(wunth, zeroth);
}

function le(zeroth, wunth) {
    return !lt(wunth, zeroth);
}

function ne(zeroth, wunth) {
    return !eq(wunth, zeroth);
}
```

下面是一组算术运算符函数。

```
function add(a, b) {
    return (
        (big_float.is_big_float(a) && big_float.is_big_float(b))
        ? big_float.add(a, b)
        : undefined
    );
}

function sub(a, b) {
    return (
        (big_float.is_big_float(a) && big_float.is_big_float(b))
        ? big_float.sub(a, b)
        : undefined
    );
}

function mul(a, b) {
    return (
        (big_float.is_big_float(a) && big_float.is_big_float(b))
        ? big_float.mul(a, b)
        : undefined
    );
}

function div(a, b) {
    return (
        (big_float.is_big_float(a) && big_float.is_big_float(b))
        ? big_float.div(a, b)
        : undefined
    );
}

function max(a, b) {
```

```
    return (
        lt(b, a)
        ? a
        : b
    );
}

function min(a, b) {
    return (
        lt(a, b)
        ? a
        : b
    );
}

function abs(a) {
    return (
        big_float.is_big_float(a)
        ? big_float.abs(a)
        : undefined
    );
}

function fraction(a) {
    return (
        big_float.is_big_float(a)
        ? big_float.fraction(a)
        : undefined
    );
}

function integer(a) {
    return (
        big_float.is_big_float(a)
        ? big_float.integer(a)
        : undefined
    );
}

function neg(a) {
    return (
        big_float.is_big_float(a)
        ? big_float.neg(a)
        : undefined
    );
}
```

这些是基于 `big_integer` 的位运算函数。

```
function bitand(a, b) {
    return big_float.make(
        big_integer.and(
```

```
            big_float.integer(a).coefficient,
            big_float.integer(b).coefficient
        ),
        big_integer.wun
    );
}

function bitdown(a, nr_bits) {
    return big_float.make(
        big_integer.shift_down(
            big_float.integer(a).coefficient,
            big_float.number(nr_bits)
        ),
        big_integer.wun
    );
}

function bitmask(nr_bits) {
    return big_float.make(big_integer.mask(big_float.number(nr_bits)));
}

function bitor(a, b) {
    return big_float.make(
        big_integer.or(
            big_float.integer(a).coefficient,
            big_float.integer(b).coefficient
        ),
        big_integer.wun
    );
}

function bitup(a, nr_bits) {
    return big_float.make(
        big_integer.shift_up(
            big_float.integer(a).coefficient,
            big_float.number(nr_bits)
        ),
        big_integer.wun
    );
}

function bitxor(a, b) {
    return big_float.make(
        big_integer.xor(
            big_float.integer(a).coefficient,
            big_float.integer(b).coefficient
        ),
        big_integer.wun
    );
}
```

你可能还记得 `ƒ()` 对应的运行时函数，回想一下之前介绍的 JSCheck 吧。

```
function resolve(value, ...rest) {
    return (
        typeof value === "function"
        ? value(...rest)
        : value
    );
}
```

下面对应的是 Neo 里的两个拼接运算符。只要有一个参数为 `null`，二者的拼接结果就是 `null`；否则 Neo 会尝试将它们以文本形式拼接起来。当两个参数都不为空的时候，*f*≈函数会为拼接增加一个空格分隔符。

```
function cat(zeroth, wunth) {
    zeroth = text(zeroth);
    wunth = text(wunth);
    if (typeof zeroth === "string" && typeof wunth === "string") {
        return zeroth + wunth;
    }
}

function cats(zeroth, wunth) {
    zeroth = text(zeroth);
    wunth = text(wunth);
    if (typeof zeroth === "string" && typeof wunth === "string") {
        return (
            zeroth === ""
            ? wunth
            : (
                wunth === ""
                ? zeroth
                : zeroth + " " + wunth
            )
        );
    }
}
```

然后是一些杂项函数。

```
function char(any) {
    return String.fromCodePoint(big_float.number(any));
}

function code(any) {
    return big_float.make(any.codePointAt(0));
}

function length(linear) {
    return (
        (Array.isArray(linear) || typeof linear === "string")
        ? big_float.make(linear.length)
        : undefined
    );
}
```

最后，将“五脏”全部打包到运行时对象这只“小麻雀”里吧。

```
export default stone({
    abs,
    add,
    and,
    array,
    assert_boolean,
    bitand,
    bitdown,
    bitmask,
    bitor,
    bitup,
    bitxor,
    boolean_,
    cat,
    cats,
    char,
    code,
    default: default_function,
    div,
    eq,
    fail,
    fraction,
    function_,
    ge,
    get,
    gt,
    integer,
    integer_,
    le,
    length,
    max,
    min,
    mul,
    ne,
    neg,
    not,
    number,
    number_,
    or,
    record,
    record_,
    resolve,
    set,
    stone,
    sub,
    ternary,
    text,
    text_
});
```

第 30 章

嚯！

●●●●○

勿以语言之糜而戏之。不如把盏共谈 JavaScript。

——加里·伯恩哈特

2012 年 1 月 12 日，CodeMash 大会在美国俄亥俄州桑达斯基的一个室内水上公园里举办。会上，加里·伯恩哈特发表了一个题为“嚯（What）”的闪电演讲。

伯恩哈特展示了 Ruby 和 JavaScript 中的一些荒诞规则。在每个示例后，他都附上了一张写着“嚯”的搞怪图片。大家都很喜欢他的演讲。它绝对会成为经典。“嚯”拥趸俨然成了 JavaScript 的“新贵”。

我们现在还可以在网上找到这个简短的演讲视频。许多模仿者相继推出了一些类似的演讲：有人仅仅简单重复了伯恩哈特的材料；还有人对材料进行扩充，加入了一些新的笑料。有些人像伯恩哈特之前那样惹得人捧腹大笑，而有些人的模仿则让人尴尬不已。

我之前尽可能地在本书中避免提到 JavaScript 中的大多数糟粕，但是本章却要把这些丑陋的“怪兽”暴露在大家眼前。我将列举在“嚯”以及同类演讲中出现的一些问题，并展示它们的原理。这可能并不会让你觉得有趣，甚至可能会让你感觉受到了冒犯。

很多笑话都是 JavaScript 的==和+运算符背后的强制类型逻辑闹出来的。强制类型规则非常复杂难记，而且在某些情况下是错误的。这就是我不推荐使用==的原因。它实现了 ECMAScript 的**抽象相等比较算法**（abstract equality comparison algorithm），是一罐不建议大家打开的“鲱鱼罐头”。请记住一定要用===。一定！

有些开发者不喜欢用===，因为它看起来比==愚蠢 50%，比=愚蠢 2 倍。无论如何，在 JavaScript 中，===才是正确的相等判断运算符。请避免使用==，用它判断相等就大错特错了。

等于号说完了，但是我无法对于+同样给出避免使用的建议。毕竟+是将数值类型相加的唯一实用的方式。所以，享受这罐“鲱鱼罐头”吧。

```
"" == false                    // true
[] == false                    // true
null == false                  // false
undefined == false             // false
```

空字符串是一个幻假值，所以宽松相等运算符会认为它是 `false`。空数组并不是幻假的，但它与 `false` 也被认为宽松相等。`null` 和 `undefined` 都是幻假的，却不被认为与 `false` 宽松相等。

嚯！

```
[] == []                       // false
[] == ![]                      // true
```

两个空数组并不是同一个对象，所以它们不相等。但是第二行令人大吃一惊！这令 JavaScript 看起来是一门让 *x* 可以与非 *x* 相等的语言。这简直是一种贻笑大方的无能。下面来解释一下。

空数组是幻真的，所以`![]`的结果是 `false`。宽松相等运算符会将`[]`与 `false` 都转换成数值再进行比较，而它们实际上都不是数值类型。转换逻辑是这样的：空数组被强制转换成空字符串，空字符串再被强制转换成 `0`；`false` 也被转换成 `0`。由于零等于零，结果就是 `true`。

嚯！

```
[] + []                        // ""
[] + {}                        // "[object Object]"
{} + {}                        // "[object Object][object Object]"
```

上述所有用例都应当产出 `NaN`。`NaN` 不就是为这些场景而生的吗？然而，因为这些操作数都不是数值类型的，+就要把它们拼接起来。拼接的第一步就是把操作数转换为字符串。`Array.prototype.toString()`方法将空数组转换成空字符串。我个人认为，它如果和 `JSON.stringify()`那样返回`"[]"`会更好。最没用的方法就是 `Object.prototype.toString()`，它将对象渲染成了`"[object Object]"`。就是这些奇奇怪怪的字符串最终被拼接到了一起。

嚯！

```
9999999999999999               // 10000000000000000
1e23 + 2e23 === 3e23           // false
```

绝大多数大于 `Number.MAX_SAFE_INTEGER` 的整数无法被精确表示。

嚯！

```
"2" < 5                          // true
5 < "11"                         // true
"11" < "2"                       // true
```

比较不同类型的值本该抛出异常，然而 JavaScript 常将这些值进行强制转换，从而进行比较。强制转换规则会打破可传递性。

嚯！

```
1 < 2 < 3                        // true
3 > 2 > 1                        // false
```

上面的代码本该是语法错误，因为 JavaScript 不能正确处理它们。在第一行中，`1` 与 `2` 进行比较产出 `true`，然后再将 `true` 与 `3` 进行比较。这个时候 `true` 被强制转换成了 `1`，由于 `1` 小于 `3`，结果为 `true`。所以这个正确答案的出现只是偶然。这些虽然逻辑错误但是碰巧撞对了正确答案的错误很容易绕过测试。

你看，第二行就原形毕露了。`3` 和 `2` 进行比较，产出 `true`。然后 `true` 与 `1` 进行比较。这个时候 `true` 又被强制转换成了 `1`。由于 `1` 并不小于 `1`，结果就是 `false`。

嚯！

```
"2" + 1                          // "21"
"2" - 1                          // 1
```

还有一些算术运算符也会做类型转换，然而它们的转换规则却与+大相径庭。你应该好好管理你的数据类型，从而避免语言上的这种草率处理。算术运算是数值类型的蜜糖，也是字符串类型的砒霜。

嚯！

```
Math.min() > Math.max()          // true
```

又是两个草率的函数。当我们没给这两个函数传入任何参数的时候，它们应当返回 `undefined` 或者 `NaN`，甚至直接抛出异常。然而 `Math.min()` 返回的是 `Infinity`，`Math.max()` 返回的则是 `-Infinity`。

嚯！

```
Math instanceof Math             // 抛出异常
NaN instanceof NaN               // 抛出异常
"wat" instanceof String          // false
```

在 Java 中使用 instanceof 通常能体现出一个人对于多态用法的无知。虽然 JavaScript 的 instanceof 与之不同，但这并不影响我不建议大家在任何语言中使用 instanceof。

嚯！

```
isNaN("this string is not NaN") // true
```

全局的 isNaN 和 isFinite 函数是“残次品”，请使用 Number.isNaN 和 Number.isFinite。

嚯！

```
((name) => [name])("wat")        // ["wat"]
((name) => {name})("wat")        // undefined
```

上面第一行的例子展示了一个胖箭头函数（fat arrow function，或称为 fart function[①]）。这是函数的一种快捷写法。=>的左边是参数列表，右边则是表达式。表达式的值即为函数的返回值。在这种写法中，无须输入 function 和 return。第一行的返回值是一个包含传入函数第一个参数的数组。挺不错的。

根据第一行，我们推测第二行应当返回{name: "wat"}，而不是 undefined。遗憾的是，JavaScript 把=>右侧的花括号当成了一个作用块，而不是我们想象中的对象字面量。它认为我们在这个作用块中写了一个变量名。JavaScript 的自动分号插入（automatic semicolon insertion，ASI）特性会在 name 后面自动加上一个分号。这样一来，它就变成了一句毫无意义的语句，并没有做任何事。最终，由于缺少 return 语句，这个函数的返回值就变成了默认返回值 undefined。

所以我一直不建议大家“放屁”。除了上述原因，还有一个原因就是它很容易与<=和>=混淆。为了在打字上偷个小懒，不值得。

嚯！

```
function first(w, a, t) {
    return {
        w,
        a,
        t
    };
}
first("wat", "wat", "wat");      // {w: "wat", a: "wat", t: "wat"}

function second(w, a, t) {
    return
        {w, a, t};
```

① 直译为“放屁函数”，这个箭头看起来也很像放屁。——译者注

```
}
second("wat", "wat", "wat");    // undefined
```

第一个 return 语句如期望的那样获得了正确的结果。它返回了一个新对象。

第二个 return 语句的不同点只在于空白，而这让它返回了 undefined。这又是自动分号插入特性搞的鬼，它在 return 后面加了个分号。接下来的左花括号因此被认为是一个作用块的开始，而在该作用块中的语句都是没有意义的。逗号也被错认成了运算符，而非分隔符，所以这段代码并没有报告语法错误。

自动分号插入并不是一个特性，而是一颗地雷。它是为那些不知道要把分号放哪里的初学者而设的。只有在想让别人认为你的代码是由初学者所写的时候，你才需要自动分号插入。

嚯！

第 31 章

结　　语

吾唯求逍遥。蝶逍遥甚。

——哈罗德·斯基坡尔，出自《荒凉山庄》

31.1 include 函数

我写了一个事件化的 include 函数来将本书的内容整合到一起——它将各章的文件组合成整本书的大文件，将可执行的 JavaScript 源码插入各章节，还将书中的 JavaScript 代码片段整合成了.js 文件（可以在我的 GitHub 中查看[①]）。

```
include(callback, string, get_inclusion, max_depth)
```

include 函数将字符串中的@include 表达式替换成其他字符串。如果字符串中没有任何@include 表达式，则结果就是源字符串。

callback(result)函数就是事件化调用的，用于获取处理后的结果字符串。

string 可包含零个、一个或者多个@include 表达式。

```
@include "key"
```

@include 与前双引号之间有一个空格。每个@include 表达式都会被替换成对应键名的关联字符串（前提是关联字符串存在）。键名（可能是一个文件名）则被括号括住。

get_inclusion(callback, key)函数将接收键名字符串，然后将查询结果通过事件化的

① 也可以在图灵社区本书主页（ituring.cn/book/2725）下载。——编者注

方式传给 callback(inclusion)。这个传入的 get_inclusion 函数可以从文件系统、数据库、源码控制系统、内容管理器或者 JSON 对象获取内容。如果内容在 Node.js 下，并且要从文件中获取内容的话，那么传入的 get_inclusion 函数可以这么写。

```
function my_little_get_inclusion(callback, key) {
    return (
        (key[0] >= "a" && key[0] <= "z")
        ? fs.readFile(key, "utf8", function (ignore, data) {
            return callback(data);
        })
        : callback()
    );
}
```

如果一个 include 包中有“流氓”内容（现实中是会有这种情况的），那么它在 my_little_get_inclusion 函数下也掀不起什么风浪来，但如果我们直接从 fs 对其进行访问，则可能会导致严重的后果。

我们获取的结果字符串可能还会再包含@include 表达式，而上面的 max_depth 参数就用于限制递归获取的层深，防止无限递归。

include 函数是这样实现的。

```
const rx_include = /
    @include \u0020 " ( [^ " @ ]+ ) "
/;

//  捕获组：
//    [0] 整个@include 表达式
//    [1] include 键内容

export default Object.freeze(function include(
    callback,
    string,
    get_inclusion,
    max_depth = 4
) {
```

include 函数自身不需要拥有直接访问文件系统、数据库或者任何其他事物的能力，这些能力都会被封装进传入的 get_inclusion 函数。这使得 include 函数变得通用且可信任。

这个函数本身不返回数据。结果是通过 callback 来进行事件化传递的。

```
    let object_of_matching;
    let result = "";
```

minion 函数及其帮助函数会完成所有逻辑。主 minion 函数用于搜索@include 表达式，并且用搜索的结果调用 get_inclusion 函数。assistant_minion 函数会递归调用 include 函数进行处理。junior_assistant_minion 函数则将处理后的内容加入结果。

```
    function minion() {
```

若没有待扫描的字符串了，则将结果传递出去。

```
        if (string === "") {
            return callback(result);
        }
```

尝试用正则表达式匹配剩余的字符串。

```
        object_of_matching = rx_include.exec(string);
```

如果没有任何匹配，则说明工作完成了。

```
        if (!object_of_matching) {
            return callback(result + string);
        }
```

将正则表达式匹配结果的左侧字符归入最终结果，再从字符串中移除匹配出来的内容。

```
        result += string.slice(0, object_of_matching.index);
        string = string.slice(
            object_of_matching.index + object_of_matching[0].length
        );
```

然后调 get_inclusion 函数以获取用于替换的字符串，向其传入 assistant_minion 及用于获取内容的字符串。

```
        return get_inclusion(
            assistant_minion,
            object_of_matching[1]
        );
    }

    function junior_assistant_minion(processed_inclusion) {
```

将查找结果附加到结果末尾。接着继续调用 minion 来进行下一次查找。

```
        result += processed_inclusion;
        return minion();
    }

    function assistant_minion(inclusion) {
```

若 get_inclusion 没有传递出字符串，则将该@include 表达式原封不动地附加回结果中。

```
        if (typeof inclusion !== "string") {
            result += object_of_matching[0];
            return minion();
        }
```

查找结果可能循环引用自己的@include 表达式，这个时候我们继续调用 include 进行处理，然后调用 junior_assistant_minion 来获取结果。因此需要 max_depth 来防止无限递归。

```
        return include(
            junior_assistant_minion,
            inclusion,
            get_inclusion,
            max_depth - 1
        );
    }
```

上面这些就是处理逻辑的“虾兵蟹将”（minion）。下面回到 include 中来：如果超出了深度，则调用 callback。

```
    if (max_depth <= 0) {
        callback(string);
    } else {
```

include 中声明了三个帮助函数，我们需要调用主 minion 函数。

```
        minion();
    }
});
```

31.2 致谢

我要感谢 Edwin Aoki、Vladimir Bacvanski、Leonardo Bonacci、George Boole、Dennis Cline、Rolando Dimaandal、Bill Franz、Louis Gottlieb、Bob Hablutzel、Grace Murray Hopper、Matthew Johnson、Alan Karp、Gottried Leibniz、Håkon Wium Lie、Linda Merry、Jeff Meyer、Chip Morningstar、Евгений Орехов、Ben Pardo、Claude Shannon、Steve Souders、Tehuti 以及 Lisa von Drake 教授。

31.3 写在最后

在程序员职业生涯中，我经历了以下几种范式的转变：

- 高级语言；

- 结构化语言；
- 面向对象语言；
- 函数式语言。

这些改进的最大受益者就是现在可以用更少精力来完成更多、更好工作的程序员。这些改进的最大对手同样是这些程序员，他们通常以怀疑和敌对的态度去迎接这些新范式。他们利用自己的知识和经验来提出令人信服的论点，然而事后再看，这些论点全是错的。他们待在旧范式的舒适区，不愿意接受新范式。大家都很难说出新范式和糟糕思想之间的区别。

以上每个转变都花了 20 多年才完成。函数式编程花的时间甚至翻了一番。所花时间如此之长，仅仅是因为我们的惯性思维作怪。新范式必须在老一代程序员退休或者去世后才有出头之日。

马克斯·普朗克在物理学中观测到了类似的现象，这被称为普朗克原理：

> 重要的科学创新很少是通过逐渐赢得人心和扭转反对者的观念来得到普及的。实际情况是，反对它的人最终死亡，而新一代人从一开始就接受了它。

他还说过一个更简洁的版本：

> 葬礼越多，科学越进步。

目前看来，我认为下一代范式很明显是分布式事件化编程（Distributed Eventual Programming）。这并不是一种新的思想，至少可以追溯到 Actor 模型（1973 年）。此后，我们其实向前迈进过几步，只不过还犯了一些错误——在顺序编程模型中尝试用远程过程调用（remote procedure call，RPC）去做一些分布式的事。我认为 JavaScript 很有趣的一点就是它是为分布式事件化编程而生的。它只花了 10 天就被开发出来，自然不可能把一切都做对。它还是一门多范式的语言，鼓励我们保留旧的范式。自从 JavaScript 出现之后，这些旧范式的拥护者就一直在尝试将其拖回 FORTRAN 的本源阵营。

31.4 还有一件事

阅读本书时，你可能注意到了一个奇怪的拼写——wun。这个拼写可能会分散你的注意力，让你感到困惑和懊恼。对这个拼写的反对声不绝于耳——这不符合我们的拼写习惯，老师也不是这么教我们的，它还与我们的认知相悖。这些都是对的。但是考虑到英语的发音规则，wun 才应该是正确的拼写。它修复了 one 这个单词的 bug。

我们对 wun 的情绪反应其实与面对新范式时的心理是一样的。

在死亡之前接受新范式的秘诀就是偷偷尝试它。这在编程界可比在物理学界简单得多，因为你要做的只是写出优秀的程序。当我说写一个返回函数的函数时，你理解了这句话的每个字，从而觉得自己理解了这句话。然而，除非亲自尝试，你其实无法理解。你需要写很多返回函数的函数，需要写很多尾调用的函数。直到可以像条件反射一样写出这些代码，你才能算真正理解了。这光靠纸上谈兵是无法达到的。如果你的 JavaScript 写得好，JavaScript 能教会你很多；如果你的 JavaScript 写得差，它也会惩罚你。我相信你能感受到这一点。

我可能会在下一本书中对 two 这个单词的拼写做点儿文章。

版权声明

我是否听清，
你刚才心情？
你说要不花一文，把这游戏玩精。
劝你知怎样更聪明，
乱复制软盘内容根本不行！[①]

——MC Double Def DP

本书封面的向日葵图片是李跃儿芭学园的小学生课堂作品，由薛芷柔小朋友绘制，指导老师是马勇玉。本书经授权使用。

① 这段说唱出自为始于 1992 年的反侵权运动而拍摄的宣传片 *Don't Copy that Floppy*，由 M. E. Hart 饰演的角色 MC Double Def DP 演唱。Double Def DP 意为双重防护磁盘保护器（Double Defense Disk Protector）。——译者注

TURING
图灵教育
站在巨人的肩上
Standing on the Shoulders of Giants

TURING

图灵教育

站在巨人的肩上

Standing on the Shoulders of Giants